¿UNA CONSCIENCIA HÍBRIDA?

RAFAEL PINTOS-LÓPEZ

Copyright © 2025 por Rafael PINTOS-LÓPEZ

No se puede reproducir parte alguna de este libro en ninguna forma ni por medios electrónicos ni mecánicos, incluso sistemas de almacenamiento y recabado de información, sin autorización escrita del autor, con excepción del uso de citas breves en una crítica literaria.

❦ Creado con Vellum

ÍNDICE

Prefacio v
Introducción ix

1. De cómo el lenguaje originó el proceso cognitivo 1
   ORIENTE Y OCCIDENTE 13
2. Bodhidharma 14
   – *El rechazo de la cognición*
3. Ezequías 28
   – *Escribiendo el alma de una civilización*
   CIENCIA 41
4. Schrödinger 42
   – *La información y la vida tienen naturalezas distintas*
5. Neurociencia 54
   – *Intentos fútiles de medir la experiencia*
6. Darwin y Wallace 61
   – *Divergencias sobre la evolución humana*
   LENGUAJE Y CULTURA 77
7. Whorf 78
   – *De cómo el lenguaje influye sobre el pensamiento*
8. Aristóteles, Averroes y Borges 86
   – *La historia de un error*
   TIEMPO 95
9. Borges, otra vez 96
   – *El tiempo y otras ideas*
10. Schrödinger, otra vez 104
    – *El tiempo según los científicos*
    FILOSOFÍA 111
11. Wittgenstein 112
    – *Entendido por pocos*

12. Schopenhauer 118
 – *El visionario original del Occidente*

Epílogo 122

Agradecimientos 133

PREFACIO

"Posiblemente solo entienda este libro quien ya haya pensado alguna vez por sí mismo los pensamientos que en él se expresan, o pensamientos parecidos."

Tractatus Logico-Philosophicus —

Ludwig Wittgenstein

"Éste es un homenaje a los locos. A los inadaptados. A los rebeldes. A los alborotadores. A las clavijas redondas en los agujeros cuadrados. A los que ven las cosas de forma diferente. A ellos no les gustan las reglas, y no sienten ningún respeto por el statu quo. Puedes citarlos, discrepar con ellos, glorificarlos o vilipendiarlos. Casi lo único que no puedes hacer es ignorarlos. Porque ellos cambian las cosas. Son los que hacen avanzar al género humano. Y aunque algunos los vean

como a locos, nosotros vemos su genio. Porque las personas que están lo suficientemente locas como para pensar que pueden cambiar el mundo... son las que lo cambian"

Aviso publicitario de Apple ——

Steve Jobs

Lo que propongo en los capítulos que siguen parece estar basado en una premisa 'absurda': que miles de científicos y filósofos, en todo el mundo, están equivocados; que todos están errados y que solo yo tengo razón. No es así en absoluto.

Lo que propongo—y presento evidencia al respecto—es que se está ignorando, deliberada e injustificadamente, a algunos de los grandes pensadores del pasado. La visión general entre los científicos y filósofos de hoy en día es contraria al dualismo cartesiano (la separación entre cuerpo y mente). La idea predominante es que la consciencia es un fenómeno físico e individual. Dicen que no hay nada metafísico en la consciencia. Equiparan la consciencia únicamente con la sintiencia (los sentidos), o sea, con la experiencia.

La tendencia actual es equivocada en varios sentidos. Doy algunos ejemplos, aunque la lista no es exhaustiva, ni mucho menos. Su premisa, por ejemplo, es que la consciencia humana está localizada dentro del cerebro individual. "¿Existe el yo [el ego] fuera del cerebro?", escuchamos que preguntan. No hay duda de que el cerebro tiene un papel importante en todo lo relacionado con el ego y con la consciencia.

El ego no es una entidad física. No existe dentro del cerebro. El ego abarca muchos fenómenos. La interocepción y la exterocepción (que involucran a todo el cuerpo) son parte de la autoconsciencia. Pero el concepto del ego también incluye la identidad, que es cognitiva y tiene implicancias sociales y culturales.

Separar la sintiencia de la cognición es casi imposible. Se logra, principalmente en Oriente, y en circunstancias muy especiales.

La consciencia humana es más que los sentidos. Ha incluido el pensamiento desde que nos convertimos en seres humanos. Añado que la cognición y la humanidad son el resultado del lenguaje. Y no hay nada universal ni natural en el lenguaje. El lenguaje es cultural y artificial.

INTRODUCCIÓN

"Este libro quiere pues, también, trazar un límite al pensamiento o, mejor dicho, no al pensamiento, sino a la expresión del pensamiento. Puesto que para trazar un límite al pensamiento tendríamos que poder pensar a ambos lados de dicho límite (y tendríamos por consiguiente que poder pensar lo que no se puede pensar)."

Tractatus Logico-Philosophicus —

Ludwig Wittgenstein

"El animal siente y percibe; el hombre, además de eso, 'piensa' y 'conoce': ambos son 'voluntad'."

El mundo como voluntad y representación —

Arthur Schopenhauer

INTRODUCCIÓN

Querría que esto fuese material de lectura para cualquier persona interesada en la consciencia humana. Enfatiza un poco el lenguaje y la cultura. Intenta responder preguntas que hasta ahora han permanecido sin respuesta, y se apoya en algunas mentes brillantes y en cómo abordaron temas trascendentales. Se ocupa de la manera en que la religión, la filosofía y la ciencia —las tres principales perspectivas en la búsqueda del conocimiento— han tratado históricamente el tema. Incluye capítulos que parecen no tener relación entre sí; algunos de ellos son extraños y otros no tanto, pero todos presentan evidencia a favor de la misma noción: que la sintiencia y la cognición son componentes autónomos, pero casi inseparables de la consciencia humana.

Y va más allá: como sugiere el título, propongo algunas ideas radicales que no constituyen una teoría propiamente dicha de la consciencia humana, pero que—de algún modo—veo como una hoja de ruta hacia una teoría de los 'campos unificados' de la consciencia.

Sostengo que nos volvimos conscientes por medio de un largo proceso que incluyó un ciclo de retroalimentación con un cierto aporte de la biología evolutiva, es decir, del neocórtex. Hacia el final del proceso—casi seguro, entre hace 135.000 y 70.000 años—hubo una interrupción. Después, se volvió un fenómeno más bien meta-evolutivo. Quizás el comienzo de esta *Introducción* sea el mejor lugar para dejar claro cómo interpreto eso.

Estas son mis conjeturas:

Creo que sería bueno que la filosofía y la ciencia consideren a la consciencia humana como un fenómeno híbrido que consta de dos capas o componentes integrados pero autónomos: una capa animal original (la sintiencia), que es natural y biológica, y una capa humana posterior (la cognición), que es creada por el ser humano y, como tal, artificial. Ambas tienen naturalezas distintas. La noción de que la sintiencia, por sí sola, constituye la consciencia humana solo genera confusión. Considerar los componentes como autónomos y definir los límites entre ellos es de suma importancia para una comprensión adecuada de la consciencia. La sintiencia debe considerarse como un componente inefable y fundamental de los seres vivos (el lenguaje no puede describir la riqueza de la experiencia, y medir la experiencia no tiene sentido). La sintiencia no pide explicaciones ni las da.

Tal vez, en el futuro —cuando la física cuántica entienda mejor el entrelazamiento de partículas— se nos permita una visión más clara del comportamiento de los sentidos, lo cual no constituiría—de ninguna manera—una solución definitiva.

Ningún estudio evolutivo—es decir, biológico—de la consciencia puede lograr un entendimiento de la consciencia humana; ésta no es parte de un continuo. El componente cognitivo añade una naturaleza distinta a nuestras mentes: la consciencia humana no es totalmente biológica.

Hace decenas de miles de años, hubo un momento en que la evolución dio paso a otro proceso. La sintaxis, una vez que se desarrolló totalmente, constituyó algo exclusivamente humano, y también artificial y meta-evolutivo. El lenguaje no es natural. Otros fenómenos humanos siguieron al lenguaje. Básicamente, el *Homo sapiens* creó el lenguaje y el lenguaje creó al *Homo sapiens*. En ese momento, nuestras mentes se volvieron híbridas: parte biológicas y parte metafísicas.

La cognición se adquiere solo por medio del lenguaje, a través de la crianza, que llevan a cabo los padres y la cultura. Se transmite en forma individual. Esto debe ocurrir cada generación, lo que nos convierte en una especie altamente altricial.

La cognición fue y es introducida por el lenguaje, y su naturaleza es tan artificial como la de la cultura y el propio lenguaje; de lo contrario, naceríamos equipados con total comprensión y habla.

Sospecho que la imaginación voluntaria, la creatividad, la memoria a largo plazo, el espíritu aventurero, son rasgos exclusivamente humanos adquiridos a través del lenguaje y la cultura, es decir, no existían antes de la cognición. No son evolutivos.

Como el pensamiento es producto del lenguaje y la cultura, está obviamente influido por ellos (como plantea la Relatividad Lingüística de Whorf).

La conclusión lógica es que deben existir centros corticales y otros centros especializados en el cerebro—más recientes que cualquier centro encargado de fenómenos estrictamente biológicos—donde se procesen los desarrollos culturales (por ejemplo, las áreas de Broca y Wernicke).

El tiempo es una construcción humana que existe únicamente dentro de la cognición, gracias a la imaginación voluntaria ilimitada (expectativa) y a la memoria a largo plazo (que incluye la identidad y la percepción colectiva). La contrapartida es que—como en otras especies animales—la sintiencia humana sigue limitada al presente y al cambio.

Quizás una prueba *sine qua non* para determinar la consciencia plena debería ser la capacidad de comunicar que uno es consciente (de formas aún por determinar). Existen distintos medios tecnológicos para establecer la consciencia en personas en coma o con discapacidades lingüísticas. Cualquier definición de consciencia se beneficiaría con ese tipo de requisito.

Las preguntas de esta temática han existido durante muchas generaciones. Incluyen cuestiones como la vida, la muerte, el tiempo, la imaginación y la memoria. Las respuestas nunca han sido del todo satisfactorias. La religión atribuyó la vida y la consciencia a una deidad o a varias, es decir, no hacía falta explicación adicional alguna.

La filosofía ha intentado indagar en la consciencia humana, pero siempre encuentra la misma barrera que la ciencia: ¿cómo podemos explicar la experiencia? ¿Dónde está? Hasta ahora, ni la ciencia ni la filosofía han encontrado una solución con respecto a la manera en que funciona. Estos últimos años—gracias a métodos modernos como las nuevas tecnologías de imagen—ha habido grandes avances en la neurociencia. ¿Por qué la ciencia y la filosofía occidentales siguen enfrentándose a un enigma de tales proporciones?

Muchos pensadores han considerado que la consciencia humana es una paradoja, al menos desde los tiempos del rey Ezequías de Judá, Platón, San Agustín de Hipona, Demócrito y muchos otros pensadores más recientes. Los seres humanos tienen sentidos y, al mismo tiempo, piensan. La sintiencia y la cognición han coexistido en nosotros desde que nos volvimos seres humanos. Funcionan en conjunto y, sin embargo, parecen ser incompatibles. ¿Cómo ocurre eso? Se complementan, pero la cognición no logra explicar la sintiencia, y la sintiencia no está interesada en explicaciones. Muchos filósofos y científicos lo han pensado. El gran Descartes, uno de los hombres más lúcidos, afirmó: *"Pienso, luego existo"*. Eso establece una relación causal clara. Sí, para preguntarse algo, uno tiene que existir. Pero eso no responde las preguntas fundamentales sobre la vida y la consciencia. Sin embargo, su Dualismo de Sustancias apunta hacia una posible solución: existe la vida—que en nuestro caso incluye la sintiencia, o experiencia—y luego existe el pensamiento (no un alma en sentido religioso). Una es física y la otra, metafísica.

La filosofía y la ciencia han confundido aún más la cuestión al tratar a la consciencia humana como si fuera solo sintiencia, cuando en realidad la consciencia humana está constituida por dos capas, y esas capas están inextricablemente unidas. Sin cognición no podemos empezar a discutir la consciencia humana ni a formular preguntas sobre ella. Es un fenómeno único.

Al no haber llegado a entender el *Tractatus Logico-Philosophicus* de Ludwig Wittgenstein, publicado originalmente hace más de un siglo, en 1921, los científicos y filósofos occidentales aún intentan comprender la experiencia.

La conclusión es que quizás la ciencia—y/o la filosofía—no sean capaces de explicar completamente la consciencia humana porque no están equipadas para hacerlo, es decir, porque son cognitivas.

¿Es posible dar algunos detalles de por qué no? Sí, hay algunas respuestas.

~

Quizás debería comenzar por analizar dónde falla la ortodoxia académica en su búsqueda de respuestas y dónde nuestras conjeturas podrían ofrecer una vía de salida al statu quo.

Creo que David Chalmers, un reconocido filósofo, es representativo de cómo se ha abordado el tema y por qué se ha terminado en un callejón sin salida. Las ideas predominantes han seguido un cierto camino, eso es todo.

En 1995, Chalmers propuso el concepto del *"problema difícil de la consciencia"*. ¿Cómo podemos explicar la experiencia 'subjetiva'? En 1998, Christof Koch, un renombrado científico, autor de *"La Consciencia: una aproximación neurobiológica"*, apostó con Chalmers que el problema se resolvería en un plazo de 25 años. Koch perdió la apuesta en 2023. Incluso encontrar los puntos de correlación de la experiencia en el cerebro no habría resuelto el problema. ¿Hay alguna forma holística de explicar la consciencia?

~

Como se mencionó anteriormente, hay muchos fenómenos que ni la ciencia ni la filosofía han logrado explicar hasta ahora: la aleatoriedad (entropía) es uno de ellos. La física ha detectado la entropía a nivel cuántico. El principio de incertidumbre de Heisenberg establece que no es posible conocer con precisión simultánea la posición y la velocidad de una partícula, como un fotón o un electrón. El mismo tipo de incertidumbre ocurre a mayor escala. La aleatoriedad ha eludido una descripción o explicación completa. Pero estoy divagando. Volvamos a la consciencia.

Chalmers resumió sus ideas en una charla TED de 2014, que, a mi parecer, arroja luz sobre las ideas predominantes. Analicemos algunos segmentos de lo que dice:

Comienza la charla:

"*En este mismo momento tienes una película que te pasa dentro de la cabeza.** ... *Tu película tiene olor, y sabor, y tacto. Tiene un sentido de tu cuerpo, dolor, hambre, orgasmos. Tiene emociones, ira y felicidad, tiene recuerdos, como escenas de tu infancia, que se reproducen ante ti, y tiene esta narrativa constante de voz en off dentro de tu flujo de pensamiento consciente.** *En el corazón de la película estás tú, experimentando todo eso, directamente. La película es tu flujo de consciencia, la experiencia subjetiva de la mente y del mundo.** *La consciencia es uno de los hechos fundamentales de la existencia humana.*"

*(Subrayado mío)

Muy acertadamente, comienza comparando la sintiencia con una película. Así es exactamente cómo funcionan las cosas en la vida real. La película de Hollywood, en la vida real, sin embargo, es una versión barata en 2D de la sintiencia. Es como si fuéramos testigos de algo que ocurre ante nuestros propios ojos, pero que en realidad no está ocurriendo. La sintiencia funciona así, pero de verdad. Somos testigos de la realidad, somos testigos del universo. Y cuando digo que la película es "una versión barata", lo que quiero decir es que—como bien dice Chalmers—la vida real es más que un espectáculo. Tiene olor y tacto y todos los demás sentidos.

Después, describe las distintas maneras en que puedes sentir tu cuerpo (interocepción, si la quieres llamar así), lo cual está muy bien: todavía está describiendo la sintiencia. Pero entonces menciona *"escenas de tu infancia..."*, tu memoria. En el momento en que dice eso, confirma que la filosofía y la ciencia tienen los conceptos de sintiencia y cognición completamente mezclados. Saben que son fenómenos distintos, pero no consideran su carácter autónomo en el contexto de la consciencia humana. Una cosa está clara: no se puede hablar de la memoria como un componente de la sintiencia. La memoria episódica de largo plazo, al igual que el tiempo y el conocimiento de la finitud humana, son productos de la cognición. En la sintiencia, sin embargo, no hay tiempo. Nadie tiene hambre en el pasado. Nadie tiene un orgasmo en el futuro. La sintiencia es presente. La vida ocurre ahora.

Yo diría que la memoria episódica de largo plazo solo aparece en los seres humanos, y que solo surge después que los niños adquieren el lenguaje. Quizá esté equivocado, pero si piensas en tu propia experiencia, notarás que tus recuerdos (y tu identidad) empiezan en ese momento, cuando adquieres el lenguaje, es decir, entre los dos y los cuatro años de edad.

Más adelante, Chalmers menciona *"una narrativa constante de voz en off"*. Una película normalmente no necesita explicar nada. Solo muestra. Excepcionalmente, una película tiene una voz en off que aclara lo que está pasando. Tal vez el director—alguien como Woody Allen, por ejemplo—cree que la voz en off añadirá dramatismo a una escena, o que hay cosas que deben aclararse. La voz en off dentro de nuestra cabeza, sin embargo, no es una explicación. En la vida real tampoco necesitamos esa explicación. La voz en off de la vida real es algo totalmente distinto. Cuando ocurre, normalmente estamos divagando. Estamos pensando que hay que recoger a Andrea del colegio, o dejar las camisas en la tintorería, o quizás estemos preocupados por algún acontecimiento futuro.

Una vez más: cualquier narrativa que tengamos en nuestra mente tiene forma de lenguaje, y eso es exclusivamente cognitivo y exclusivamente humano. Artificial. El capítulo sobre Bodhidharma explica cómo sucede eso.

Me atrevería a decir que ningún animal tiene una narrativa con voz en off (porque no tiene ni lenguaje ni pensamiento complejo), y porque no la necesita.

Volvamos a la charla TED.

Chalmers dice: *"Quiero una teoría científica de la consciencia que funcione. Y, durante mucho tiempo, me di la cabeza contra la pared buscando una teoría de la consciencia en términos puramente físicos que funcionara. Pero finalmente llegué a la conclusión de que simplemente no funcionaba, por razones sistemáticas. Es una historia larga, pero la idea central es que lo que obtenemos de las explicaciones puramente reduccionistas en términos físicos, en términos del cere-*

bro, son relatos sobre el funcionamiento del sistema, su estructura, su dinámica, el comportamiento que produce. Son geniales para resolver problemas fáciles: cómo nos comportamos, cómo funcionamos, <u>pero cuando se trata de la experiencia subjetiva, ¿por qué todo eso se siente como algo que viene desde dentro de nosotros?</u> * Eso es algo fundamentalmente nuevo y siempre es una pregunta adicional. Así que creo que estamos ante una especie de callejón sin salida. <u>Tenemos esta maravillosa gran cadena de explicaciones. Ya estamos acostumbrados: la física explica la química, la química explica la biología, la biología explica partes de la psicología. Pero la consciencia no parece encajar en el esquema.</u> * Por un lado, es un hecho. <u>Estamos conscientes. Por otro lado, no sabemos cómo acomodarlo dentro de nuestra visión científica del mundo.</u>* Así que creo que, en este momento, la consciencia es una especie de anomalía, una que necesitamos integrar en nuestra visión del mundo pero no sabemos cómo. Ante una anomalía como ésta, se pueden necesitar ideas radicales."

*(Subrayado mío)

Aquí menciona elementos muy importantes del problema: *"una teoría... en términos puramente físicos"*. El lenguaje y la cultura no son fenómenos puramente físicos, ni tampoco "subjetivos". No se pueden reducir a eso. Luego pregunta por qué la *"experiencia subjetiva"* se siente como algo que viene desde dentro; nuevamente, un concepto bastante occidental. Lo que él llama "experiencia subjetiva" es, básicamente, la sintiencia. La sintiencia no divide la realidad en "subjetivo" y "objetivo". La sintiencia simplemente es. Muchas otras especies la poseen. La diferencia es que, en los seres humanos, está entrelazada con la cognición.

INTRODUCCIÓN

En 1911, Bertrand Russell dijo que Wittgenstein podía estudiar filosofía con él si lograba resolver su paradoja. La paradoja de Russell afirma: *"Digamos que R es una clase de las clases que no se contienen a sí mismas. Si R se contiene a sí misma, entonces es una contradicción. Si R no se contiene a sí misma, satisface el requisito de la clase, pero contradice la suposición de que contiene todas las clases que no se contienen a sí mismas. Ambos casos son contradictorios"*.

La paradoja fue resuelta varias veces, pero la solución de Wittgenstein fue radical. El concepto mismo de clases —dijo— es una suposición injustificada. El problema era que el problema estaba equivocado desde el principio.

Con todo respeto, la respuesta al "problema difícil" de Chalmers es que la pregunta es la pregunta equivocada. La pregunta no debería ser: *"¿Por qué todo eso se siente como algo que viene desde adentro?"*, sino: "¿Por qué puedo hacerme la pregunta de que esta experiencia viene desde adentro?". La respuesta es que todos los animales tienen sintiencia y que probablemente también la sientan como algo desde adentro, pero no se sienten separados del resto de la realidad y, en todo caso, no sienten la necesidad de hacerse la pregunta ni de responderla. Los animales no se hacen preguntas (ni a sí mismos ni a otros animales). Solo los seres humanos tienen la cognición entrelazada con la sintiencia, lo que nos permite cuestionar, en primer lugar, por qué tenemos sintiencia.

INTRODUCCIÓN

Algunas personas me han dicho que el problema con mi suposición sobre la naturaleza híbrida de la consciencia es que mezclo la experiencia con la cognición, cuando la consciencia debería incluir solo la experiencia. La respuesta a eso es que no soy yo quien mezcla. Los filósofos y científicos reconocen que ambas están presentes. La suposición general es que ambas son componentes de la consciencia: como dijo Chalmers, los recuerdos de la infancia (que en realidad son tiempo), una narrativa interna (discurso), y muchos otros fenómenos son parte de la cognición. El problema es que no les establecen límites claros cuando, en realidad, hasta sus naturalezas son distintas.

La consciencia "humana" es diferente de todo lo demás. Dan Dennett lo reconoció. Yo añadiría que el componente cognitivo de la consciencia no es el que experimenta el universo, pero —a diferencia de lo que sucede con otras especies— es el que nos permite "presenciarlo", es decir, el que produce nuestra propia versión particular de la realidad. La cognición es el componente inquisitivo pero artificial de nuestra consciencia, la capa que busca explicaciones. Y eso es exactamente como lo expresa Chalmers. Enumera todo tipo de explicaciones científicas. A todas esas las entendemos —dice— pero hay un dato que no podemos entender: *"estamos conscientes"*. Eso no encaja en nuestra visión científica del mundo—añade. No, no encaja—respondo yo—y nunca lo hará, porque las explicaciones no son ni biológicas ni sensoriales. Los qualia son inefables porque el lenguaje es artificial. No puede entenderlos. Lo que está percibiendo nuestra consciencia y nuestro "presenciar" es el componente que puede entender explicaciones y explicar artificialmente otros fenómenos, como el comportamiento. Pero —necesariamente—

no puede entender esa otra capa de la consciencia ni ese "presenciar" porque sus naturalezas son diferentes: paradójicamente, los fenómenos biológicos "subjetivos" no están sujetos a explicación porque cualquier explicación racional, cognitiva, sería artificial. Y cuando digo "artificial" me refiero exactamente a eso: un artificio, algo creado por el ser humano, y algo exclusivamente humano. La imposibilidad, entonces, radica en que nuestra percepción del mundo es biológica, mientras que los componentes lingüísticos y culturales de la consciencia (y, por tanto, de la filosofía y la neurociencia) son artificiales.

Ahora analicemos, una última vez, un segmento de la charla de Chalmers.

"Quiero explorar dos ideas locas que creo que podrían tener algo de promesa. <u>La primera idea loca es que la consciencia es fundamental</u>*. ... Si no puedes explicar la consciencia en términos de los fundamentos existentes: espacio, tiempo, masa, carga, entonces, por lógica, necesitas ampliar la lista. <u>Lo natural sería postular la consciencia misma como algo fundamental. Un bloque básico de la naturaleza.</u>* Eso no significa que de repente no puedas analizarla científicamente. Eso abre el camino para que la analices científicamente. Lo que necesitamos entonces es estudiar las leyes fundamentales que gobiernan la consciencia. Las leyes que conectan la consciencia con otros fundamentos: espacio, tiempo, masa, procesos físicos. <u>La segunda idea es que la consciencia podría ser universal.</u>* ... También vale la pena señalar que, aunque esta idea nos parece contraintuitiva, es mucho <u>menos contraintuitiva para las</u>

INTRODUCCIÓN

personas de culturas en las que la mente humana se ve como mucho más continua con la naturaleza.* Una motivación más profunda proviene de la idea de que tal vez la forma más simple y poderosa de encontrar leyes fundamentales que conecten la consciencia con el procesamiento físico sea vincular la consciencia con la información.* Dondequiera que haya procesamiento de información, hay consciencia —cuanto mayor sea el procesamiento de información, como en un ser humano, más compleja es la consciencia; a menor procesamiento de información, consciencia más simple."

* (Subrayado mío)

Chalmers —basándose en la teoría de la consciencia de Dan Dennett— sugiere que la consciencia podría considerarse un fundamento. Aquí, nuevamente, vemos que el problema reside en confundir sintiencia con consciencia en su totalidad. La cognición definitivamente no es fundamental, ya que podemos analizarla y explicarla. Pero sin duda forma parte de la consciencia humana. Cuando la cognición se analiza a sí misma, se convierte en metacognición. Se explica a sí misma. La ciencia también puede analizar y medir el comportamiento de los distintos sentidos. Lo que la ciencia y la filosofía no pueden hacer —ya que ambas son cognitivas— es explicar la sintiencia. De manera similar, la ciencia puede explicar el comportamiento de la vida, pero no su experiencia. La ciencia puede medir cómo vuela un murciélago, o cómo se cuelga de una rama. No puede explicar cómo es ser un murciélago. Ni siquiera podemos imaginar cómo se sienten sus sentidos. ¿Podríamos imaginar los millones de colores que percibe un colibrí?

INTRODUCCIÓN

¿Es la consciencia universal? Bueno, la cognición definitivamente no lo es. Es exclusivamente humana.

La otra idea que Chalmers discute se basa en la Teoría de la Información Integrada (IIT) de Giulio Tononi. Hace un par de años, se la consideró una de las teorías más populares entre neurocientíficos y filósofos. Christof Koch es uno de los principales defensores de la teoría de Tononi. Incluso el nombre de la teoría suena lamentable. La información y la experiencia tienen naturalezas completamente distintas. La información es cognitiva. Los cinco principios de la teoría son que toda experiencia existe por sí misma, es específica, estructurada, unitaria y definida. La idea principal es que se puede medir la cantidad de experiencia de un sistema. Parece obvio —al menos a mí me lo parece— que, incluso si eso fuera posible, medir la experiencia no ayudaría a comprenderla. Podemos medir el tiempo, y sin embargo no entendemos cómo funciona. En la experiencia no hay razonamiento. ¿Cómo pueden ayudar los números si los números forman parte del razonamiento?

Una de las posibilidades más increíbles —y menos científicas— consideradas por IIT, por ejemplo, es que incluso los sistemas inertes (objetos sin vida) podrían ser conscientes. La teoría sugiere que la consciencia podría ser universal. La mera conjetura no tiene sentido alguno. Es totalmente inverificable o infalsificable. Un regreso al panpsiquismo (¡!).

Como mencionáramos antes, la consciencia, tal como la entendemos los humanos —no solo la sintiencia—, no puede ser universal. Pero ni siquiera la sintiencia puede ser universal. La nuestra está basada en la preexistencia de fenómenos muy importantes, algunos de los cuales sí son fundamentales: hierro > ozono > oxígeno > vida > sintiencia > cognición. Me atrevería a decir que nuestro tipo de consciencia solo puede existir en el planeta Tierra.

Sabemos que tenemos sintiencia y cognición, que son fenómenos diferentes. Lo que digo aquí es algo mucho más drástico, algo que creo que la mayoría no ve o no quiere ver. Yo sostengo que no solo son distintas. Afirmo que los dos componentes de nuestra consciencia tienen naturalezas diferentes y, aunque funcionan al unísono dentro de la consciencia humana, son completamente autónomos. La sintiencia es biológica. La cognición no lo es. Es artificial. ¿Por qué mantengo esto?

Hay muchas razones, pero existe una explicación muy simple que es bastante evidente y, sin embargo, generalmente se pasa por alto. Estamos acostumbrados al hecho de que no somos como otras especies animales; el punto es que sí somos diferentes, pero principalmente en un aspecto muy particular. Nuestra consciencia animal acomoda un componente extra que no es ni biológico ni intuitivo. No nacemos con cognición, la adquirimos individualmente. Como todas las demás especies, nacemos de manera natural —es decir, biológicamente— pero, para tener cognición, nos la tienen que enseñar; y eso ocurre porque es artificial. En cada uno de nosotros. Cada generación es igual. Los individuos nacen sin ella. Los recién nacidos no pueden hablar. No pueden pensar. Y no pueden pensar porque no tienen lenguaje. Algunos argumentan que los fetos tienen consciencia. Eso es imposible. Puede que tengan un grado de sintiencia, nada más. El lenguaje es esencial para el pensamiento complejo, y sin pensamiento complejo no hay consciencia humana. El lenguaje y el pensamiento pueden explicar muchos fenómenos, pero no la sintiencia.

Algunos podrían decir que lo que afirmo aquí es una obviedad. Es posible. Pero ninguna teoría de la consciencia lo menciona. ¿Algo obvio? Sí. Pero algo que sigue siendo ignorado. Los filósofos y los neurocientíficos están buscando una imposibilidad. Cualquier teoría de la consciencia debe comenzar aceptando la sintiencia como un fundamento. La otra cara de la moneda es que el lenguaje, y la cultura que lo acompaña, son ambos artificiales. Ambos son un artificio humano. Una construcción humana. Concluir que el lenguaje y el pensamiento están históricamente relacionados conduce directamente a la Relatividad Lingüística.

Pensemos, por ejemplo, en la identidad. Imaginemos que conoces a alguien en una fiesta. Podría ser un bautismo, una *bar mitzvah* o una *vernissage*. En un bautismo, lo más probable es que la persona sea cristiana; en una *bar mitzvah*, que sea judía; y en una *vernissage* o exposición, que esté interesada en el arte. Ya tienes varios puntos desde los cuales analizar quién es esa persona —ese hombre—. Elijamos la exposición. Se te acerca e inicia una conversación trivial sobre una pintura.

—Hola, ¿cómo estás? Me llamo James Horowitz, soy amigo de Peter.

INTRODUCCIÓN

El tipo ronda los cincuenta, tiene barba, acento americano, probablemente de la costa Este. El apellido Horowitz sigue siendo un enigma: podría ser judío o no. No es que eso importe demasiado, pero el apellido proviene originalmente del pueblo de Hořovice, en Bohemia, así que tiene ascendencia europea, como confirma su aspecto, pero el acento de la costa Este indica que probablemente es estadounidense de segunda o tercera generación. Si eres mujer, seguramente también te fijarías en su apariencia. Le interesa el arte, porque Peter es pintor. Probablemente no es militar, por su aspecto general y por la barba. Su estilo es informal, así que podrías suponer que, políticamente, sus inclinaciones son más liberales que conservadoras.

¿Es natural esto? ¿Tu actitud y tu análisis sobre este individuo son algo natural? Probablemente responderías que sí. Nosotros diríamos que no hay nada natural en ello. Le has puesto todo tipo de etiquetas. Lo has clasificado y has marcado todo tipo de casillas. Estás tratando de analizar su origen étnico, su religión y su ideología política. Por supuesto, hay una razón para eso. Para establecer una relación de amistad con la persona, o incluso simplemente para charlar un poco, necesitas información sobre ella. Ése sería el comienzo de "conocer a la persona".

Esto es algo humano. Y no es nada nuevo.

Un encuentro similar entre aborígenes australianos en el *"bush"* sería algo así:

—¿Conoces a Mary Warrlpungi?

—No.

—¿Y a Joe Nyulu?

INTRODUCCIÓN

—No.

—¿Tal vez conozcas a Betty Ngurraar?

—Sí, es mi prima.

—Ahhh, esa chica es mi nieta; así que tú también eres mi nieto. Tienes que darme un cigarrillo.

Se ha establecido una relación. Así que sí, tienes razón, eso es lo que se necesita cuando conoces a alguien. Pero aún así diría que no es natural. Diría que es algo exclusivamente humano. Lo que significa que hay algo artificial en ello.

Cuando dos individuos de otra especie animal se ven por primera vez, no necesitan conocer la identidad del otro. No la hay. No necesitan saber su historia familiar o personal —no tienen memoria episódica de largo plazo, ni tiempo, salvo el presente—. No hay preguntas. No necesitan puntos de referencia geográficos. Es simplemente otro individuo. Quizás necesiten averiguar visualmente su sexo, o tal vez lo adivinen o lo huelan. Lo único que puede interesarles es si se pueden aparear con ese individuo o si el individuo quiere establecer un territorio que pueda incluir el suyo. Eso es natural. Si los individuos son de especies distintas, entonces tendrán que establecer si el otro animal es depredador, presa o indiferente. Eso también es natural.

La autoconsciencia es biológica (natural) y está presente, mientras que la identidad es híbrida y relacionada con el tiempo (incluye cognición). Probablemente eres autoconsciente desde el momento en que naces (eres sintiente e interoceptivo). La autoconsciencia ocurre solo en el presente; no puedes ser autoconsciente en el pasado o en el futuro. Puedes recordar o imaginar que eras autoconsciente, eso sí.

La identidad, en cambio, es híbrida porque adquieres tu identidad a través de la cultura. Los seres humanos necesitan identidades para funcionar dentro de sus grupos sociales. El aspecto temporal de la identidad de uno tiene que ver con la continuidad de esa identidad a través del nombre que la sociedad le da al individuo. La identidad es permanente. Para el individuo y para la sociedad. Puede variar en el caso de un cambio de género o casamiento, pero eso es solo una excepción socialmente aceptada.

Aquí no podemos evitar volver a Heráclito: la segunda vez que el individuo cruza el río, el río es el mismo y el individuo también, pero en realidad no son los mismos. ¿Cómo puede ser eso? En cierta medida, ambos son distintos, un poco como el barco de Teseo: algunos elementos pueden haber cambiado gradualmente. El secreto de la continuidad está en la imperceptibilidad cotidiana del cambio.

Pero la identidad implica mucho más que la autoconsciencia. Implica —en mucha mayor medida— la percepción de la sociedad más que la del individuo. La evolución puede haber introducido el 'yo' —el término que usa Anil Seth (*Being You*)— para mantenerte con vida, pero no ha diseñado la 'identidad': esa es una creación social en la que participa el individuo. Una de las cosas interesantes del inicio de la identidad es que coincide con el comienzo de la memoria. Hay una identidad familiar/grupal —tu nombre de pila—; y hay una identidad social —tu apellido—. Llegan en distintos momentos. Y ambas están relacionadas con el lenguaje. Los primeros recuerdos que tenemos son de la infancia, cuando estamos comenzando a hablar y a entender. No antes. También podemos asociar ambos con el inicio de la cognición.

INTRODUCCIÓN

Nuestra especie necesita mucha información no biológica. No tengo que explicar por qué. Sucede. Pero necesito explicar cómo opera eso en términos de nuestra consciencia.

Según Seth:

"Una tradición influyente, que se remonta al menos a Descartes en el siglo XVII, sostenía que los animales no humanos carecían de un yo consciente porque no tenían mentes racionales para guiar su comportamiento" ... *"No estoy de acuerdo. <u>En mi opinión, la consciencia tiene más que ver con estar vivo que con ser inteligente.</u>*. <u>Somos seres conscientes precisamente 'porque' somos máquinas bestiales. Sostendré que las experiencias de 'ser tú', o de 'ser yo', emergen de la manera en que el cerebro predice y controla el estado interno del cuerpo.</u>*. La esencia del yo no es ni una mente racional ni un alma inmaterial. Es un 'proceso' biológico profundamente encarnado, un proceso que sustenta la simple sensación de estar vivo, que es la base de todas nuestras experiencias del yo, en realidad de cualquier experiencia consciente. 'Ser tú' tiene literalmente que ver con tu cuerpo".*

*(Subrayado mío)

La confusión es evidente. No es que solo Seth esté confundido. La tendencia entre los neurocientíficos y filósofos es considerar que la consciencia humana es solo sintiencia. Pero en este caso también equipara "cognición" con "inteligencia". Encima de eso, mezcla la interocepción en el asunto. Negar que la cognición sea un componente inextricable de la consciencia humana resulta en nociones borrosas del yo, la identidad y la autoconsciencia.

INTRODUCCIÓN

Seth habla del 'yo'. No entiendo exactamente a qué se refiere con eso. Es un término difuso. Presumo que está hablando de la identidad en los seres humanos porque escribe sobre "ser tú" o "ser yo", y ambos somos humanos. Si ése es el caso, está tristemente equivocado. Para mí, "ser yo" es ser Rafael Pintos-López. No tiene nada que ver con un alma inmaterial porque asumo que no tengo una. Tiene mucho que ver con mi mente racional, con mi cognición. Ésa es la identidad en la que crecí como miembro de la sociedad humana. Sé eso con certeza. También, no cabe duda de que la identidad implica tiempo y memoria. "Sentirse vivo" es algo que ocurre en el aquí y ahora. La 'identidad' incluye los recuerdos de la infancia que Chalmers menciona en su charla TED. Los animales no humanos carecen de un "yo consciente", como dice Seth, porque no lo necesitan. Son sintientes, no conscientes. Viven en el presente. Puede que tengan algún grado de yo en el sentido de que sienten sus propios cuerpos, pero no puedo imaginar que se sientan 'subjetivos', separados del resto de la naturaleza.

Negar que la memoria y el tiempo tengan mucho que ver con el concepto del yo en los seres humanos no tiene sentido. Puedes dividir el yo humano en 'cognitivo' y 'sintiente', o puedes llamar a esos elementos 'yo epistémico' y 'yo fenomenal'. No importa. Los seres humanos necesitan ambos para ser quienes son.

∽

Un tercer ejemplo de esta tendencia común entre filósofos y científicos: el filósofo estadounidense Thomas Nagel (*¿Cómo se siente ser un murciélago?*) ve la diferencia entre sintiencia y cognición como una diferencia claramente ligada a una suposición errónea: que la consciencia debe considerarse dentro del campo de la biología y —más específicamente— que debe entenderse como un fenómeno evolutivo:

"Pero explicar la consciencia, así como la complejidad biológica, como consecuencia del orden natural añade toda una nueva dimensión de dificultad. <u>Estoy dejando de lado el dualismo propiamente dicho, que abandonaría la esperanza de una explicación integrada. De hecho, el dualismo de sustancias implicaría que la biología no tiene responsabilidad alguna por la existencia de las mentes.</u>*. Lo que me interesa es la hipótesis alternativa de que la evolución biológica es responsable de la existencia de los fenómenos mentales conscientes, pero dado que esos fenómenos no son explicables físicamente, la visión habitual de la evolución debe ser revisada. No es solo un proceso físico".

De acuerdo, hasta cierto punto. El dualismo de sustancias no excluye necesariamente el componente biológico de la mente, ni del lenguaje, por cierto. Después de descartar el dualismo de sustancias, añade una nota:

"Pero el dualismo de sustancias aún dejaría a la biología con un gran problema similar al que estamos discutiendo: a saber, <u>¿por qué la evolución física ha producido organismos capaces de tener mente e interactuar con ella?</u>"*.

*(Subrayado mío)

Creo que Nagel está hablando de mentes humanas. La cognición —sospecho— es un fenómeno tipo "cisne negro"; algo totalmente inesperado, improbable, como mínimo. Las probabilidades bayesianas no pueden explicar tales fenómenos. La cognición es, en efecto, un subproducto del lenguaje, que, sostengo, es meta-evolutivo. La evolución física —la biología— no ha producido organismos que piensan e interactúan con la mente.

Lo que Nagel está diciendo, entre otras cosas, es que la subdivisión de disciplinas dentro de las ciencias biológicas es algo que hay que revisar. El problema con el análisis de Nagel (como el de muchos otros filósofos) es que incluye sintiencia y cognición como un conglomerado dentro del término 'consciencia'. La sintiencia es un producto necesario de la biología, es una cualidad que surge directamente de ella. Los animales sintientes han evolucionado usando sus sentidos y los necesitan para sobrevivir. Así es como funciona: es parte de la realidad. La cognición, sin embargo, no es una complicación más de la sintiencia. Es un desarrollo completamente nuevo, un añadido humano exclusivamente relacionado con el lenguaje y la cultura. Explicar la cognición en términos enteramente reductivos es lo que ha llevado a la ciencia a la posición en la que se encuentra actualmente. Es imposible avanzar cuando la premisa de la investigación es errónea. La filosofía ha estado haciendo la pregunta equivocada. Lo que se necesita ahora es que la filosofía haga la pregunta correcta y comience de nuevo.

La neurociencia repite las mismas ideas. Seth explica:

"Se acepta ampliamente que la experiencia surge de una base física, pero no tenemos una buena explicación de por qué y cómo surge así. ¿Por qué el procesamiento físico debería dar lugar a una rica vida interior? *. *Parece objetivamente irrazonable que así sea, y sin embargo, así es".*

* *(Subrayado mío)*

Y uno se pregunta por qué todo el campo de la neurociencia está dando vueltas en círculos. El procesamiento físico no da lugar a una rica vida interior. La sintiencia está ahí. Simplemente es. Solo la cognición humana presencia la naturaleza. Solo la cognición humana, el componente meta-evolutivo y metafísico de la consciencia, produce la vida interior humana.

En esta *Introducción*, solo intento sugerir una idea de lo que es la "consciencia humana". Eso proporcionará la base para entender el resto del libro, que no trata de lingüística, ni de neurociencia, ni de biología, ni de filosofía. Se trata de sentido común. La consciencia es un tema complicado, pero se verá que muchas mentes brillantes comprendieron, o intuyeron, que su complejidad radica en el hecho de que su naturaleza es híbrida. Sin haberlo dicho con esas palabras, los pensadores famosos que cito en los distintos capítulos del libro, parecen estar de acuerdo con ello.

Como mencioné antes, el enfoque de este libro no es ni científico ni filosófico. Intentaré explicar por qué hay cosas que parecerían ser inefables.

DE CÓMO EL LENGUAJE ORIGINÓ EL PROCESO COGNITIVO

"Hemos hallado una huella extraña en las orillas de lo desconocido. Hemos ideado teorías profundas, una tras otra, para dar cuenta de sus orígenes. Al fin, hemos logrado reconstruir a la criatura que dejó la huella. ¡Y hete aquí que somos nosotros mismos!"

Espacio, tiempo y gravitación – Sir Arthur Eddington

¿Qué son los códigos? El Sistema Dewey de Clasificación Decimal y el Sistema de la Biblioteca del Congreso, por ejemplo, son códigos (literalmente añaden orden a la información mediante una etiqueta); el código Morse (un sistema binario de información a través del espacio); el código "Enigma" alemán (durante la Segunda Guerra Mundial, los alemanes intercambiaban información que los Aliados no podían comprender); los jeroglíficos egipcios y mayas (que solo unos pocos podían leer): los códigos son medios de comunicación entre interlocutores que saben cómo descifrar el mensaje.

Cuando nuestros antepasados homínidos comenzaron a hablar, en realidad inventaron el primer código básico: un fonema, es decir, un sonido que podía ser entendido y combinado para agregar significado. Pero fue mucho más que eso; fue algo metafísico y artificial, algo que nunca antes había existido, completamente creado por los humanos: el significado complejo. El significado complejo no existía antes de la humanidad. Y, aún hoy, el significado complejo sigue siendo exclusivamente humano.

Lo que hicieron fue algo así como colocar una etiqueta mental a un objeto o acción, lo que finalmente derivó en combinaciones infinitas de sonidos y, más aún: en significado infinito. Se volvió cada vez más complejo. Hubo un momento, entonces, que fue la culminación de un proceso increíblemente prolongado (decenas de miles de años). Esa etiqueta artificial, ese significado o comprensión, flotaba entre los interlocutores. Era algo que tenían en común, que los unía, algo acertadamente llamado "comunicación". Pero también era algo intangible, algo metafísico que una especie animal había creado y que, a su vez, transformaba a sus miembros en seres humanos (*H. sapiens*): el significado.

∽

Un estudio reciente sobre la comprensión del lenguaje, conducido por Andrey Vyshedskiy *et al.*, titulado *"Three mechanisms of language are revealed through cluster analysis of individuals with language deficits"*, confirma que la comprensión del lenguaje puede dividirse en grupos de habilidades. A nivel no individual, macro, esos grupos podrían darnos una idea de cómo se desarrolló históricamente el lenguaje.

El estudio clasificó los grupos, en orden de dificultad, de la siguiente manera: *"El grupo de habilidades más básicas, denominado 'comprensión de lenguaje de comando', incluía <u>saber el nombre, responder a 'No' o 'Alto', y obedecer algunas órdenes</u>*. El grupo de habilidades intermedias, denominado 'comprensión de lenguaje con modificadores', incluía <u>comprender modificadores de color y tamaño, varios modificadores en una oración, superlativos de tamaño y números</u>*. El grupo de habilidades más avanzadas, denominado 'comprensión de lenguaje sintáctico', incluía <u>la comprensión de preposiciones espaciales, tiempos verbales, sintaxis flexible, pronombres posesivos, explicaciones sobre personas y situaciones, historias simples y cuentos elaborados</u>*".*

* *(Subrayado mío)*

En términos de cognición, estos niveles me llevan a pensar que la comprensión del significado fue desde la comprensión de órdenes básicas hasta el pensamiento cada vez más abstracto. El primer nivel—el más básico y directo—debió haber incluido la autoconsciencia y la consciencia del entorno (algo que compartimos con otras especies); el segundo nivel—cada vez más humano, diría yo—, alguna combinación de términos, colores, medidas y números (ya pensamiento abstracto); y el tercero—con la cognición completamente desarrollada—, la comprensión del espacio-tiempo, el lenguaje recursivo y la imaginación de entidades inexistentes. Básicamente, cómo pasamos de animal a humano en tres pasos básicos. Suena fácil ahora, pero tomó muchos miles de años.

En una entrevista con *PsyPost*, Vyshedskiy afirmó que los estudios que ha realizado sobre la comprensión del lenguaje han confirmado sus opiniones whorfianas respecto al lenguaje: *"Durante más de 50 años, lingüistas como Noam Chomsky y Steven Pinker han propuesto la existencia de un mecanismo de comprensión del lenguaje exclusivamente humano, pero su base neurológica sigue siendo en gran medida desconocida"*. Totalmente. No pueden probarlo porque no existe.

Hasta ahora, no hay prueba de una "plantilla universal del lenguaje" en nuestro cerebro. Lo que sí es seguro es que las culturas individuales afectan sus propios idiomas. Si ése es el caso, se entendería que los procesos de pensamiento de los hablantes de un idioma determinado se ven afectados por ese idioma.

¿Cómo da lugar la materia física a una vida interior metafísica? La respuesta es: no lo hace. Participa, sí, pero la realidad es mucho más compleja. Es posible escuchar *Las variaciones de Goldberg*, por ejemplo, y llorar de emoción. Sin embargo, el origen de la emoción tiene muy poco que ver con el comportamiento de las neuronas, las moléculas o las sinapsis.

El significado fue metafísico desde su mismo origen. Antes del lenguaje no había significado. Adquirió una existencia propia que no reside ni en la boca o la mente del individuo que emite el sonido ni en el oído o la mente del que lo descifra. Es algo que compartimos, algo que los interlocutores tienen en común y que no pertenece ni a uno ni al otro, ni a ningún otro miembro de la cultura o especie, en realidad. Los extremos que emiten y descifran el significado son, ciertamente, físicos, pero el significado en sí tiene una vida propia que proporciona históricamente el grupo colectivo (la cultura).

El hecho de que su creación fuera artificial desmiente cualquier afirmación a favor de un origen puramente físico o biológico de la cognición. No hay duda: en el momento en que un homínido combinó términos para añadir significado a algo y otro homínido comprendió ese significado combinado, ese fue el comienzo de la humanidad.

Seguramente, antes de eso existía una forma más básica de "significado" no lingüístico como en otras especies animales: gruñidos, chillidos y lenguaje corporal para señalar "peligro" o "comida", como ocurre con otras especies sociales, como los chimpancés. La diferencia entre esos intercambios y el primer fonema radicaba en lo deliberado del intercambio vocal/auditivo y en el hecho de que, potencialmente, podía combinarse y recombinarse con otros sonidos para añadir más significado al mensaje. Así que, tal vez, el inicio de la humanidad no se dio solo por la creación del primer fonema, sino por su potencial para combinarse con otros sonidos y producir sintaxis (me atrevería a decir que las variaciones morfológicas fueron un refinamiento posterior). En cualquier caso, fue un fenómeno muy gradual. Básicamente, hace 70.000 años el lenguaje evolucionó desde modificadores muy simples hasta adquirir su naturaleza recursiva, es decir, una sintaxis compleja. Por recursiva entendemos que una oración puede incluirse dentro de otra oración: "Andrés dijo que seguir adelante con el plan era una locura", donde "seguir adelante con el plan era una locura" es una oración dentro de otra. En cualquier idioma determinado, no hay límite para las posibles combinaciones de sonidos y significados.

El pensamiento y la cultura crecieron junto con el lenguaje, y su crecimiento fue geométrico. Un lenguaje complejo requería memoria y ésta—por supuesto—alimentaba el circuito. La memoria humana se expandió, y los recuerdos episódicos a largo plazo encontraron su lugar en el neocórtex, fuera del hipocampo. Eso permitió la existencia del tiempo y de la identidad. Hubo consecuencias biológicas: órganos más sofisticados para la producción y recepción del lenguaje, y centros especializados en el cerebro, como las áreas de Broca y Wernicke. El neocórtex creció, el cerebro aumentó de tamaño, junto con el cráneo que lo contenía. El parto se volvió más complejo y doloroso para las hembras de la especie.

El hecho de que el neocórtex represente aproximadamente el noventa por ciento de la corteza cerebral, y que se le llame "neo" (nuevo), implica que hay una correlación entre su expansión y el uso del lenguaje, lo que según mi conjetura significa el comienzo de la cognición.

La comprensión del tiempo, por ejemplo, está codificada en la corteza parietal. Evolucionó con el uso de modificadores simples hasta alcanzar una sintaxis más compleja. Podemos decir, con un alto grado de certeza, que el proceso tuvo lugar hace unos 70.000 años. Muchos otros fenómenos humanos, como la imaginación voluntaria y la memoria de largo plazo, son de naturaleza cognitiva.

Según parece, entonces, esta creación del significado fue un acontecimiento único que, como dije, tardó decenas de miles de años en alcanzar su punto culminante. Y también fue único en que solo le ocurrió a nuestra especie. Usando la terminología de Taleb, diría que fue un evento de "cisne negro", pero iría aún más lejos y lo llamaría el comienzo de la *meta-evolución*. Nuestra especie seguiría evolucionando biológicamente—o no—, pero la principal fuente de variaciones a partir de ese momento sería la nueva consciencia humana.

Demos más detalle a la idea: supongamos que los homínidos que producían sonidos con algún significado seguían siendo animales naturales, en cierto modo, como los chimpancés (y estamos hablando de una progresión extremadamente lenta). Pero durante ese proceso creativo, algunos de ellos se estaban volviendo cada vez más humanos. El momento en que el lenguaje complejo se volvió una realidad, el propio proceso de creación los había transformado en seres humanos completamente funcionales. Fue un fenómeno mutuo. El lenguaje estaba siendo creado por el *Homo sapiens* y el *Homo sapiens* estaba siendo creado por el lenguaje. En las palabras de Erwin Schrödinger: *"Porque nosotros mismos somos el cincel y la estatua, conquistadores y conquistados al mismo tiempo —es una continua 'autotrascendencia' (Selbstüberwindung)".*

Yuval Noah Harari llama a la culminación de ese prolongado proceso la "Revolución Cognitiva". Algunos neurocientíficos aún atribuyen el cambio conductual a una "mutación genética aleatoria".

En realidad, el pensamiento complejo parece haber sido el resultado del desarrollo del lenguaje recursivo. Fue posterior al lenguaje. El pensamiento complejo creció hasta desarrollarse en una clara distinción entre *H. sapiens* y otras especies animales. De una manera extraña, algo que se había expandido como medio de comunicación—es decir, un fenómeno social—se convirtió en un proceso que permitió un análisis subjetivo e individual de la realidad. Esos factores hicieron posible un nuevo tipo de "presenciar". Ninguna criatura había "presenciado" la realidad antes. No de la manera en que nosotros entendemos "presenciar".

Ese *"presenciar/observar"* humano es lo que ahora entendemos como consciencia humana. Ninguna otra especie animal "presencia" como nosotros. Ningún otro animal individual es tan individuo como nosotros. Los individuos de otras especies son simplemente iteraciones de la especie. Son parte de la naturaleza, nada más. *H. sapiens* también es parte de la naturaleza, pero no completamente. Poseemos un componente artificial que permite un análisis especial de lo que creemos que es "el resto de la naturaleza". Puedes llamarlo "realidad objetiva", "alteridad", o "eso que no soy yo". Pero somos la única especie que, teniendo esos dos componentes dentro de nuestra consciencia, puede preguntarse con respecto a su experiencia. Ningún murciélago, ningún pato, ningún tigre cuestiona su propia consciencia. Tienen un cierto grado de consciencia, pero ese grado no incluye la cognición compleja. Simplemente tienen experiencias de acontecimientos.

Al principio de este capítulo cité a Sir Arthur Eddington. Cuando escribió eso, se refería a la física cuántica. Lo mismo podría decirse sobre el origen de la cognición. Nuestros antepasados dejaron su huella. Crearon el significado, y la vida nunca volvió a ser la misma.

Profundicemos un poco más. La religión occidental (judeocristiana), en general, decidió que los seres humanos estaban separados del resto de la naturaleza y estableció un límite claro entre el observador (un ser humano) y lo observado ("la realidad objetiva"). El cristianismo en sí, influido por la filosofía griega, fue un paso más allá. Los humanos eran aún más especiales. La razón era que, con la humanidad, había surgido un nuevo elemento que era metafísico. Ese otro algo que no había existido antes, que solo los humanos poseían, era la cognición (y con ella, la información y la comunicación). Los griegos la llamaron Ψυχή (*psyche*), que significaba "alma". Hoy usamos esa misma palabra para referirnos a la "mente". El primer capítulo de *Oriente y Occidente* incluye los primeros intentos de describir la vida y la consciencia.

De algún modo, las ideas occidentales eran correctas. Esa capa artificial de la consciencia creó mentes individuales con visiones individuales de la realidad. Pero las ideas orientales también lo eran: los seres humanos también pueden alcanzar la unión con la naturaleza.

La retroalimentación entre mente y significado (la comunicación) resultó en otra entidad metafísica: la consciencia colectiva. Los individuos pudieron compartir información con otros individuos y todo ese conocimiento se convirtió en un corpus metafísico. Tras largos periodos de intercambio, los humanos tenían un saber común. Ese corpus de conocimiento metafísico fue compartido oralmente durante algún tiempo, hasta que se inventó la escritura. Hoy en día, se transmite también por otros medios tecnológicos. El estudio del cerebro individual solo conducirá a un mejor entendimiento de la consciencia humana cuando se incluya su componente metafísico.

Antes de la cognición, el *H. sapiens* utilizaba el mismo sistema que otras especies habían usado por milenios: la experiencia (*sintiencia*). La sintiencia significaba que los individuos podían interactuar con su entorno sin distinguirse de él. De momento, tratemos a la sintiencia como un fenómeno fundamental.

Digamos que, con el lenguaje, los seres humanos idearon un sistema codificado que podía agregarse a sus mentes biológicas. Pero esas dos entidades, el código y los órganos biológicos que lo producían y recibían, tenían naturalezas totalmente diferentes: uno era artificial y los otros, naturales. Los órganos biológicos tuvieron que evolucionar y adaptarse a una nueva realidad.

Probablemente existía algún tipo de pensamiento sin lenguaje—diría que el gérmen del pensamiento, "las ideas", que no son exactamente lo mismo que los pensamientos, y esto es evidente en otras especies; pero creo que podemos afirmar con seguridad que el componente autónomo más importante de la consciencia humana—la cognición—es un subproducto de la comunicación social, es decir, del lenguaje complejo. Y podemos afirmarlo con seguridad porque hay evidencia clara de que la cognición se estanca en infantes humanos aislados.

Hay muchos ejemplos que tienden a confirmar esta hipótesis: durante los sueños el sentido de identidad se atenúa; hay autoconsciencia. En los sueños puede haber algo de lenguaje, pero no hay lógica. Son imágenes dinámicas, como ver una película, pero sin coherencia ni sentido. Los sueños parecen ser fundamentalmente biológicos con una pequeña participación cognitiva en los humanos. Escribir en los sueños se vuelve una actividad muy frustrante. Podemos saber que la escritura existe, pero no podemos ejecutarla. Los caracteres no son claros y no somos lo suficientemente diestros como para escribirlos. Tal vez podamos entender lo que significa algo escrito, pero eso es todo.

En el capítulo sobre Bodhidharma, enfatizo que la cognición es artificial. Es una creación humana que debe enseñarse cada generación. Nacemos de forma natural, como otras especies de mamíferos, sin cognición. Los individuos humanos siguen naciendo sin cognición, como ha ocurrido durante milenios. La crianza colectiva y la socialización añaden esa capa artificial a nuestra consciencia.

Somos lo que los biólogos llamarían una especie altricial; con esto quieren decir que nuestras crías tardan mucho en crecer y volverse independientes. En cierto modo—esto es controvertido y volveremos a este punto—también podría expresarse diciendo que nuestros pequeños tardan mucho en convertirse en seres humanos plenos y funcionales.

La cognición nos convierte en lo que somos: seres humanos, pero la cognición tiene limitaciones inherentes a su artificialidad. Cuando digo que nos convierte en lo que somos, implico que somos criaturas meta-evolutivas, el resultado no intencional de un fenómeno único. Los seres humanos somos un subproducto de la creación del significado.

Por todo lo que he dicho, parece bastante evidente que considero a la sintiencia (*sentience*) y a la cognición como entidades con naturalezas totalmente distintas. Lo único que la cognición (ayudada en gran parte por el lenguaje) y la sintiencia (completamente biológica) tienen en común es que ambas son componentes de la consciencia humana. El desarrollo de una teoría de la consciencia se ve obstaculizado por esa dualidad. La capa artificial de nuestra consciencia puede explicarse. La sintiencia solo puede mostrarse. Solo el individuo experimenta la parte biológica de nuestra consciencia. Es individual y no puede compartirse mediante el lenguaje.

El hecho de que coexista con la capa cognitiva humana la convierte en objeto de la indagación humana. Otras especies animales pueden ser curiosas, pero no son inquisitivas. Sin cognición, los cocodrilos no pueden sentir curiosidad por su propia sintiencia (la sintiencia no siente curiosidad por sí misma). Nosotros podemos preguntarnos: ¿cómo es que experimentamos? ¿Dónde están los puntos de correlación de la experiencia en nuestro cerebro? Esas preguntas son posibles gracias a la segunda capa de nuestra consciencia.

ORIENTE Y OCCIDENTE

BODHIDHARMA

– EL RECHAZO DE LA COGNICIÓN

"¡Qué difícil, entonces, y a la vez qué fácil es entender la verdad del Zen! Difícil, porque entenderla es no entenderla; fácil, porque no entenderla es entenderla. Un Maestro declara que ni siquiera Buda Sakyamuni ni el Bodhisatva Maitreya la entienden, mientras que simples necios sí la entienden."

Una introducción al budismo Zen –

D.T. Suzuki

"Una propiedad intrínseca se entiende tradicionalmente como una propiedad que algo tendría aunque fuese la única cosa en el universo o la única cosa existente. ¿Tiene siquiera sentido esa idea? No si se piensa

que algo es lo que es solo en virtud de pertenecer a una red de relaciones. ¿Por qué no decir que las relaciones determinan a los ocupantes de esas relaciones, al estilo de la mecánica cuántica relacional? ¿O que relaciones y sus ocupantes son mutuamente interdependientes?"

The Blind Spot –

Frank, Gleiser & Thompson

"La cantidad total de mentes es solo una. Me atrevo a llamarla indestructible, ya que tiene un calendario peculiar: la mente siempre está en el ahora. En realidad, no hay un antes ni un después para la mente. Solo hay un ahora que incluye recuerdos y expectativas."

¿Qué es la vida? –

Erwin Schrödinger

---

*E*ste capítulo tratará sobre la consciencia humana y el Zen. Una visión oriental de la consciencia, si se quiere.

Durante milenios, Oriente y Occidente han sostenido visiones opuestas —aparentemente irreconciliables— sobre lo que es la consciencia humana. Oriente pareció elegir la sabiduría, y Occidente, el conocimiento. En diferentes momentos de la historia, Oriente siguió eligiendo la sintiencia y la meditación; Occidente eligió la cognición y la indagación. Las posturas son la experiencia frente al pensamiento. Ambas profundamente válidas.

Al afirmar que la consciencia humana contiene dos naturalezas distintas, es decir, que es un fenómeno híbrido, no estoy diciendo que ambas escuelas de pensamiento —oriental y occidental— tengan razón. Al contrario, pero ambas son necesarias para entender nuestra mente. Hasta ahora, la ciencia y la filosofía occidentales han tendido a ignorar completamente al Oriente.

El Zen no es una religión, ni una filosofía. No tiene definición. Zen es un regreso a la naturaleza.

Intentaré explicar cómo el Zen separa los componentes de la consciencia humana. El proceso comenzó con Buda en Nepal y tomó siglos en evolucionar, hasta que Bodhidharma destiló su esencia en China. Su discípulo, Dōgen Zenji, continuó con la tarea, y esto condujo eventualmente a la fundación de la escuela Sōtō del Zen en Japón.

El Zen va adonde la ciencia no puede llegar. Lo que significa que, a veces, no entender está bien. Serás tú quien juzgue cuán lógicas o creíbles son las conjeturas.

El mundo —decía Gautama— es contingente. El cambio es inevitable. Nacer, crecer, enfermar, envejecer y morir son todos aspectos del tiempo, mientras que los sentidos solo aceptan lo que ocurre aquí y ahora: el presente.

Gautama evidentemente había intuido la doble naturaleza de la consciencia humana. Se había dado cuenta de que la sintiencia era la clave del nirvana; la sabiduría suprema solo llegaba mediante la experiencia sensorial directa y la naturaleza. Dentro de la sintiencia no hay nada que explicar, ningún futuro, nada por lo que estresarse.

Buda dijo que el estado más elevado al que puede aspirar un ser humano es el éxtasis, que se alcanza mediante la concentración meditativa. El nirvana es la única forma de salvación. El budismo rechaza las existencias separadas de la consciencia y la materia, el sujeto y el objeto, el alma y la deidad. Existe una sola realidad. Solo un sueño sin soñador. El sueño está rodeado por la nada.

Las escuelas de pensamiento orientales sostienen que todo está conectado. Y eso es cierto. Mucho más de lo que entendemos. A un nivel mucho más íntimo. Eso no es ciencia, pero tiene una explicación científica. Tom Chi, astrofísico genial, lo explica brillantemente. Recomiendo sus videos. Tal vez una mente occidental necesite una explicación así. El occidental necesita "entender" por qué las cosas son como son. Veamos.

Como en el resto de los animales, nuestros corazones laten para transportar una molécula llamada hemoglobina a través del torrente sanguíneo. Cada molécula de hemoglobina contiene un único átomo de hierro (Fe^{II}). Así que el hierro es absolutamente esencial para que estemos vivos y sigamos vivos. En el universo, el hierro solo se crea mediante la formación de supernovas y otras estrellas masivas.

Al principio, el universo tenía elementos como el hidrógeno y el helio; pero no había hierro en absoluto, por lo que la vida no podía existir. La colisión y explosión de cientos de miles de estrellas y galaxias —lo que ocurre debido a la gravedad— produce el hierro. Ese es el mismo hierro que corre por nuestras venas. El hecho de que nuestras venas transporten un elemento creado en galaxias lejanas es difícil de comprender, pero no hay otra explicación para ese elemento vital que existe dentro de nosotros.

Nuestro planeta apareció hace más de cuatro mil millones de años. Era un lugar muy distinto. En esa etapa, no había oxígeno en la Tierra. La atmósfera tenía tanto nitrógeno como ahora, pero nada de oxígeno. Había mucho dióxido de carbono. Solo organismos unicelulares podían vivir aquí. Hace unos dos mil millones de años, apareció un organismo llamado cianobacteria, que podía realizar fotosíntesis. Eso significa que tomaba energía del sol y transformaba el monóxido de carbono en oxígeno. Sintetizaba luz. Durante miles de millones de años, esas bacterias produjeron el oxígeno que ahora tenemos en la atmósfera y que hoy podemos respirar. Primero se formaron los océanos y luego la capa de ozono. Sin ella no podría haber vida multicelular en la Tierra. Y solo después de la explosión cámbrica pudo haber vida en tierra firme. Todas esas bacterias que vivieron hace tanto tiempo fueron el origen de nuestra vida. Las cianobacterias todavía existen en las plantas que comemos, que son fuentes de fotosíntesis. Respiramos el mismo oxígeno que las plantas exhalan.

Los párrafos anteriores intentan proporcionar una explicación occidental para el origen de la vida. Tomó mucho tiempo que la sintiencia se desarrollara en los seres vivos. Y muchísimo más para que la cognición pasara a formar parte de la consciencia humana.

Los seres humanos somos curiosos; los científicos y los filósofos son curiosos. Eso —dirían muchos— es parte del componente cognitivo de nuestra consciencia. En realidad, los seres puramente sintientes pueden ser curiosos también: los gatos son curiosos; muchas aves como los cuervos y las urracas son curiosas; los osos son curiosos. Pero no son inquisitivos. Lo que los seres humanos hacen de forma distinta a otros animales es preguntar. Ningún otro animal formula preguntas ni da explicaciones, o al menos, no que sepamos.

Cuestionar es una de las expresiones de la curiosidad. También es una expresión de duda, de posibilidad o de probabilidad percibida. Nuestras preguntas tienen cualidades buenas y otras no tan buenas. Las buenas son las que intervienen en la ciencia y la filosofía: son parte de nuestra búsqueda del conocimiento. Las malas incluyen dudas sobre nosotros mismos, miedo o miedos, ansiedad, etc.

En el Zen, sin embargo, las preguntas no reciben respuestas (o no reciben respuestas lógicas). Los *koan* son famosos por ser acertijos sin solución. "¿Cuál es el sonido de una sola mano que aplaude?" "¿Por qué vino Bodhidharma desde el Oeste?" Es decir, esas preguntas no se reciben bien. Puedes preguntar, pero probablemente la respuesta no te satisfaga. Los Maestros Zen te dirán que no podrás entender el Zen haciendo preguntas, porque la sintiencia no puede explicarse. Solo puede demostrarse.

El Zen no explica. Nada. El Zen acepta la vida tal como es, sin cuestionarla ni pedir explicaciones. El Zen te da un ejemplo de cómo son las cosas: la bandera ondea al viento. ¿Es la bandera la que ondea o el viento el que sopla?

Ninguno. Es solo tu mente intentando explicar algo. Solo tu mente se mueve. La bandera y el viento no necesitan explicación. Simplemente son.

∼

Puedo explicar una teoría, una ecuación, una fórmula. Puedo explicar una situación, un enigma o un problema.

No puedo explicarte qué siente uno cuando está mojado, eso pertenece al campo de la sintiencia. Puedo decir que tu piel es impermeable. Puedo decir que si saltas al agua, entrarás en el agua, pero el agua no te disolverá; es posible que tragues un poco, pero no entrará en ti de otro modo. Nada de eso te dará la experiencia de sentirte mojado. Zambullirte o caminar bajo la lluvia sí lo hará. No puedes entender el acto sin experimentarlo.

Puedo intentar explicarte qué es do menor. Puedo decir que tiene tres bemoles. Nada servirá, excepto escucharlo. Lo mismo ocurre con el color magenta. Es un tono carmesí-violáceo claro que es uno de los colores primarios sustractivos. Le dieron ese nombre por una batalla ocurrida en Italia durante las Guerras Napoleónicas. Las explicaciones no significarán nada hasta que veas el color con tus propios ojos.

Hay fenómenos que no pueden explicarse con lenguaje ni demostrarse mediante fórmulas. Ludwig Wittgenstein —posiblemente uno de los mayores filósofos del siglo XX— afirmó: *"De lo que no se puede hablar, lo mejor es callarse."* (véase el capítulo *Wittgenstein - entendido por pocos*). Tal vez no fue lo suficientemente claro. Quizás yo podría parafrasear o aclarar el concepto en el contexto del Zen:

"De lo que no se puede hablar, los sentidos se deben hacer cargo.".

Nuestra especie es lo que los biólogos denominan una especie altricial. Nuestras crías necesitan un periodo extremadamente prolongado para ser criadas; esto significa que se desarrollan biológicamente, se socializan y luego se educan cognitivamente para poder vivir y prosperar dentro de la sociedad humana, que es un entorno artificial.

No nacemos como seres cognitivos. La cognición se añade artificialmente al componente animal de nuestra consciencia. La cognición se transmite cultural e intersubjetivamente. Nuestra descendencia nace exactamente igual que la de los demás animales. Adquiere el lenguaje y la cultura más tarde, a través de sus padres y del grupo. Eso debe ocurrir cada generación. Cada individuo humano necesita ser criado y educado. La capacidad de pensar se desarrolla lentamente: de bebé a infante, de infante a niño, luego a adolescente, y finalmente a adulto.

Pero repitámoslo aquí, y permitamos que el concepto penetre: la cognición es tan artificial que no nacemos con ella. Debe enseñarse cada generación.

Lo que sucede es que, después de miles de generaciones, se ha arraigado tanto en nosotros que una realidad sin cognición es algo que nos resulta casi imposible de imaginar. Pero así fuimos como especie, y así fue cada uno de la especie, individualmente.

No podría haber escrito esto cuando tenía cinco años. Eso es un hecho, y ese hecho no puede explicarse de otra manera: la cognición es un fenómeno adquirido lentamente, y es algo exclusivamente humano. La sintiencia es innata; la cognición no. La sintiencia precede a la cognición, tanto a nivel individual como histórico.

Decir que el lenguaje es una cualidad innata del ser humano es una falacia. Como especie, el Homo sapiens no vino equipado con una plantilla de lenguaje en el cerebro. Esa fue la consecuencia de un bucle de retroalimentación entre lenguaje y biología. Ya vimos cómo se desarrolló la comprensión del lenguaje.

Nuestra consciencia, entonces, tiene dos componentes. Me gusta decir que la sintiencia es "evolutiva" y a la cognición, "meta-evolutiva".

La ciencia y la filosofía son cognitivas. Están ahí para esclarecer. Están equipadas para tratar con fenómenos desde una perspectiva meta-evolutiva. Pero ninguna de las dos puede explicar la experiencia sensorial.

Considero que la cognición es meta-evolutiva porque todo lo que ha ocurrido desde que los humanos se volvieron cognitivos es distinto de lo que sucedía antes y de lo que les ocurre a las otras especies. Nuestras sociedades no funcionan según un modelo darwiniano ni obedecen principios darwinianos. Existen instituciones y normas exclusivamente humanas. Como seres humanos, desarrollamos identidades, un sentido del bien y del mal, creamos, llevamos la cuenta del tiempo, producimos arte, somos aventureros, tenemos libre albedrío, ética y moral. Nada de eso aparece en ninguna otra especie.

Un tigre es un tigre es un tigre. Es una iteración de tigre. Puede que sienta como individuo, pero no tiene identidad (ningún otro tigre lo llama Pedro); mata la presa que necesita para alimentarse, y no hay nada de malo en ello; no se aleja demasiado de su territorio, y no produce ni adquiere nada que lo diferencie de otros tigres. Vive en el presente. No recuerda haber sido cachorro. No tiene tiempo, ni memoria episódica a largo plazo, ni imaginación voluntaria, ni planea nada. Puede aplicar tácticas para cazar, pero nunca aplica una estrategia a largo plazo. Como otros animales, tiene ciertos sentimientos o memoria emocional. Pero actúa, principalmente, por hábito e instinto.

El tigre es inmortal internamente porque no tiene idea de su propia finitud. Cuando muere, muere, pero no reflexiona sobre la muerte. No se estresa ni necesita ser competitivo, salvo en una pelea donde su vida esté en juego. Con una cantidad limitada de cognición, puede resolver problemas básicos.

Nosotros éramos un poco así antes de desarrollar el pensamiento meta-evolutivo.

Pero volvamos a las diferencias culturales entre Oriente y Occidente. Teológica y filosóficamente, Oriente y Occidente tuvieron comienzos similares. El budismo fue una derivación del hinduismo, y el cristianismo, un culto oscuro que se desarrolló a partir del judaísmo. Los resultados —sin embargo— fueron visiones opuestas e irreconciliables de nosotros mismos, de la naturaleza y del universo, ambas parcialmente correctas. Son correctas debido a la naturaleza híbrida de nuestra consciencia.

La Biblia hebrea definía a los seres humanos como algo completamente separado y por encima del resto de la creación. Dios puso a Adán a cargo de todos los animales. El cristianismo, influido por el pensamiento griego, otorgó al ser humano un alma inmortal. Cuando los buenos cristianos morían, iban al Cielo, con Dios. Eran semidioses individuales. Esa individualidad se enfatizó aún más con Martín Lutero, que no aceptaba intermediarios entre el Hombre y Dios.

Los seres humanos podían estudiar una realidad separada de sí mismos. La realidad era objetiva. La naturaleza era objetiva.

Secretamente, la astrología y la alquimia dieron lugar a la astronomía y la química, y luego surgieron otras disciplinas. La ciencia se deslizó lentamente desde una nebulosa de superstición. Newton y Descartes —un alquimista y un mago— se convirtieron en los padres de la ciencia y la filosofía.

Las cosas se desarrollaron de manera curiosa. Fue como un baile en el que la religión, el arte, la filosofía y, finalmente, la ciencia, actuaron como las cuatro bases del ADN occidental, que se entrelazaron para formar la doble hélice de la cultura. Occidente había optado por la cognición.

Al principio, la civilización de Oriente —especialmente en el subcontinente— había crecido desproporcionadamente: de pequeños clanes y asentamientos comerciales a conglomerados importantes de seres humanos. Ciudades como Mohenjo-Daro y Harapa contaban con decenas de miles de habitantes, algo difícil de concebir en esa época. El pasaje de grupos cazadores-recolectores a comunidades agrícolas y luego a ciudades fue rápido y estuvo lleno de dificultades y problemas.

Existían castas y grandes diferencias sociales; las ciudades tenían el equivalente a barrios cerrados, donde los más acomodados disfrutaban de sus privilegios. Muchos encontraban que la vida en la ciudad era estresante, o agobiante, o ambas cosas. La competencia y la necesidad de adquirir bienes materiales se volvieron excesivas y algunos nunca lograron integrarse, o terminaron abandonando la *"rat race"*. Surgió una nostalgia por la antigua vida más natural. Muchos reaccionaron de forma muy similar al movimiento hippie de los años sesenta y setenta. El interés de los hippies por Oriente no fue casualidad.

Fakires, yoguis y otros mendicantes aparecieron en las afueras de las grandes ciudades. Siddharta Gautama expresó los sentimientos de los monjes y otros marginados; predicó una forma reactiva de desapego (a las cosas o a las personas). Su "Camino Medio" rechazaba tanto la vida ascética como la vida carnal y los deseos. Gautama había encontrado un remedio contra el sufrimiento. En las grandes sociedades, la cognición (y con ella, el sufrimiento) había ido creciendo a través del uso exponencial del pensamiento, el lenguaje y la escritura.

Gautama se convirtió en el ícono del movimiento. Fue declarado el "Buda" (el que ha despertado).

~

El budismo, nacido como forma de vida, se extendió desde Nepal, serpenteó por la India y luego se adentró en el continente, donde —de filosofía— pasó a ser religión, con ritos, escrituras y todos los otros atributos religiosos. Para el siglo VI d.C., cuando el patriarca Boddhidharma viajó al norte, el budismo llegó a China. Allí coexistió con el confucianismo y el taoísmo.

Después de pasar nueve años meditando frente a un muro, donde su imagen quedó impresa —según cuenta la leyenda— Boddhidharma fundó el Ch'an, una secta de meditación. Se trataba de sentarse con las piernas cruzadas en lo que se conoce como la "posición del loto". Esa postura fue llamada "*zazen*", que más tarde se abreviaría como Zen en Japón.

~

Cómo el Zen entró en Japón y llegó a tener tanta influencia en el país es una historia larga. Aquí solo podemos decir que, para el momento de su llegada, ya se había destilado como la esencia del budismo.

Sabemos que, tras incontables milenios, las capas de la consciencia humana se habían entremezclado tanto que parecía imposible separarlas la una de la otra. Aquí es donde la meditación Zen guarda su secreto: la práctica meditativa disuelve gradualmente la cognición y potencia exponencialmente la sintiencia; a eso se le llama "*satori*". El hecho de que eso sea posible demuestra que esas capas son autónomas y tienen naturalezas distintas.

Vivimos estresados por el futuro y arrepentidos de cosas que hicimos o dejamos de hacer en el pasado. Cuando enfocas tu vida en el presente, te das cuenta de que esos problemas no existen.

Cuando practicas meditación Zen y la aplicas a tu vida cotidiana, experimentarás, en cierto momento, lo que los Maestros llaman "luminosidad". Ése es el momento en que entiendes que las actividades de tu cuerpo y tu mente no están completamente separadas y llegas a una comprensión extraordinaria. Cuerpo y sintiencia son una sola cosa. Durante la meditación, la cognición y el tiempo se disuelven lentamente y —con ellos— desaparece tu identidad. Te vuelves sabio; vuelves a formar parte del "todo". De hecho, tú y el "todo" son lo mismo. Tú y todas las demás personas (y la naturaleza) son uno. El tiempo no existe. Cuando eso ocurre, no se necesita ninguna explicación. El pensamiento se ha ido.

EZEQUÍAS

– ESCRIBIENDO EL ALMA DE UNA CIVILIZACIÓN

Cuando se estudia el Libro del Génesis, el Tanaj (o Biblia Hebrea), el Antiguo Testamento o el Nuevo Testamento, se descubren muchas cosas interesantes. Se descubre que nosotros, como individuos, tal vez no tengamos alma, pero las naciones sí, y las culturas también. Y puede que no sean inmortales, pero eso no importa. La parte religiosa no es lo más interesante, pero el dogma y la filosofía cristianos han influido en la visión del mundo occidental de muchas maneras trascendentales.

En los últimos siglos hubo dos intentos importantes de exégesis del Libro del Génesis. Uno de ellos fue realizado por un teólogo francés llamado Isaac de La Peyrère, quien, en el siglo XVII, formuló la hipótesis preadamita, es decir, que había habido seres humanos antes de Adán. Eso parecía explicar algunas de las inconsistencias de la Biblia. Al parecer fue forzado a convertirse al catolicismo y finalmente se retractó de sus ideas. Siglo XVII... por supuesto.

El segundo intento fue realizado por el famoso autor de ciencia ficción del siglo XX Isaac Asimov. Reconociendo que, antes de la historiografía moderna, no existía una versión racional de la historia mejor que la Biblia, Asimov creía que el Libro del Génesis debía interpretarse de forma alegórica y que cualquier interpretación literal de la Biblia carecía de sentido.

Ambas teorías tienen cierto mérito. Yo llegué a la conclusión de que el Libro del Génesis no debe interpretarse literalmente, ya que eso es un gran insulto a la capacidad intelectual de quienes lo escribieron. Al igual que el resto del Tanaj, el Libro del Génesis es mítico en el sentido de que es una recopilación de relatos orales transmitidos por los hebreos alrededor de fogatas y en hogares durante incontables generaciones. Es un registro de la sabiduría y el conocimiento que tenían los hebreos en la época en que fue escrito. Las Escrituras.

Es fácil descubrir que la Biblia hebrea fue escrita en tiempos muy difíciles. Para el siglo VIII a. C., el antiguo Reino de David y Salomón se había dividido en Israel, al norte, y Judá, con Jerusalén como capital, al sur. Ezequías era el rey en ese momento. Los asirios habían invadido Israel, que incluía a diez de las doce tribus hebreas, y habían dispersado a sus habitantes. Muchos refugiados de Samaria, la capital de Israel, habían emigrado en masa a Jerusalén, lo que creó todo tipo de problemas relacionados con el trabajo, el hambre, el desorden, la vivienda, etc. Judá necesitaba un código de leyes, y la escritura hebrea había sido introducida recientemente y se estaba utilizando en estelas e inscripciones oficiales. El rey decidió que era el momento adecuado para producir una historia, un registro religioso, un código legal, algo que Hammurabi había hecho siglos antes, pero que ahora contaría con la autoridad del Dios de los judíos. La Biblia nació en tiempos de crisis, pero fue escrita meticulosamente, ya que uno de sus propósitos era que se utilizara como la Ley de la Nación.

Interpretado literalmente, el Libro del Génesis no tiene mucho sentido hoy en día. Pero hay dos cosas importantes: debe interpretarse correctamente, y el lector debe considerar la época en que fue escrito y hacer concesiones en función de ello.

Adán fue creado del polvo. Asimov dice: *"Los escritores bíblicos no sabían nada sobre la vida microscópica, pero el polvo no es una mala forma de describirlo, en ausencia de conocimiento"*. Yahvé no era alfarero, pero ¿hay mejor forma de explicar el origen de la vida humana a una nación de pastores analfabetos?

La versión literal de lo que ocurrió en el Jardín del Edén —lo que la mayoría de los cristianos cree— no tiene mucho sentido, como ya dije. Veamos: creen que Dios creó a Adán del polvo. Luego creó a Eva a partir de su costilla. Fueron los primeros seres humanos. Los puso en el Jardín del Edén. Les ordenó no comer de un árbol. Les dijo que, si lo hacían, morirían. Después el Diablo, disfrazado de serpiente, tentó a Eva y la convenció de que debía comer. Eva desobedeció a Dios y convenció también a Adán. Ambos comieron "una manzana". Descubrieron que estaban desnudos y probablemente tuvieron relaciones sexuales, aunque eso no queda del todo claro. Dios, en un ataque de ira (¿?), los expulsó del Jardín del Edén. Le dijo a Adán que tendría que trabajar y que moriría y se convertiría en polvo. Le dijo a Eva que odiaría a las serpientes y pariría sus hijos con dolor. Pero entonces, después de comer la manzana, no murieron, a pesar de que Dios había dicho que sí. Dios se había equivocado ¿Dios, equivocado? Luego tuvieron dos hijos, Caín y Abel. Caín mató a Abel. Dios se enojó mucho (¿otra vez?) y lo desterró. Caín se fue, preocupado porque alguien lo podía matar. ¿Quién, si no había nadie más en la Tierra? Literalmente. Se fue al Este del Edén y construyó una ciudad en la Tierra de Nod. ¿Quiénes eran sus habitantes, si no había nadie más en la Tierra? Volvió con una esposa. ¿Quién, si no había nadie más en la Tierra?... y así sucesivamente. Desde una perspectiva bíblica, la interpretación cristiana literal de que Adán y Eva fueron los únicos seres humanos en el planeta no parece tener mucho sentido. En realidad, no tiene ningún sentido. San Pablo dijo que habían sido creados inmortales y que luego se volvieron mortales. ¿Lo decía literalmente? Nada tiene mucho sentido.

Yo diría que es bastante probable que los escribas del rey Ezequías hubiesen creado una versión alegórica muy bella del mito. Si creemos que el Génesis debe entenderse alegóricamente, todas las inconsistencias de la Biblia desaparecen. Por supuesto, la presencia de una deidad en la historia no es algo que muchas personas en Occidente —especialmente científicos y filósofos— aceptarían hoy en día. Pero debemos tener en cuenta que la Biblia fue escrita hace casi tres mil años, y nuestra comprensión de la realidad ha cambiado considerablemente.

Respetemos a los antiguos hebreos como una nación inteligente. Supongo que eran proto-darwinianos; tenían alguna idea, alguna intuición, de que los seres humanos habían evolucionado a partir de otras especies más primitivas. Siendo pastores, tenían cierto conocimiento de que las especies podían mejorarse con fines específicos mediante la cría selectiva. Conocían a los caballos, los burros y las mulas. Probablemente conocieran a otros primates.

Hemos visto que Aristóteles y Platón, al utilizar la palabra *zoon* para referirse a los seres humanos, parecían haber implicado que los humanos eran considerados primates. También utilizaron la expresión "animal con pensamiento/lenguaje" (ζῶον λόγον ἔχον, *zoon logon echon*). Es muy posible que esa fuera la comprensión natural en los días de la Torá y antes, cuando se originaron todas las historias bíblicas: aún se entendía que los seres humanos habían surgido de los simios. Descendíamos de los animales.

¿Creían eso los hebreos en tiempos de Ezequías, cuando al menos parte de la Biblia fue recopilada? ¿O las tradiciones y relatos ya habían perdido su significado original? Si ponemos la cuestión en perspectiva cronológica, Aristóteles vivió en el siglo IV a. C. y Ezequías en el siglo VIII a. C. Incluso teniendo en cuenta que estaban ubicados en zonas geográficas diferentes, el hecho de que hubiese una brecha de cuatro siglos entre ambos, y que Aristóteles todavía se considerara a sí mismo un primate, me da una clara indicación de que en tiempos de Ezequías aún se tenía consciencia de nuestro origen animal, es decir, que sus ideas eran, en esencia, proto-darwinianas.

Aunque Judá se estaba urbanizando lentamente, probablemente comprendían esas tradiciones y leyendas con su significado original. Debemos recordar que ésa era la temprana Edad de Hierro y que, por ejemplo, vivir en cuevas no era raro.

La mayoría de los seres humanos no vivía en ciudades, ni siquiera en tiempos de Jesucristo. Muchos, como Juan el Bautista y su madre, o antes de ellos, Lot y sus hijas, vivían en cuevas en el desierto. Y, por supuesto, durante muchas generaciones, los hebreos vivieron en tiendas de campaña, como todavía hacen algunos beduinos.

Hay relatos en la Biblia que podrían referirse alegóricamente a distintas etapas de la evolución humana. Isaac, por ejemplo, fue engañado para que le diera su herencia a Jacob, su hijo menor. Isaac era ciego, y Jacob lo hizo creer que era Esaú, el mayor, cubriéndose las manos con piel de cabra. Aparentemente, Esaú, un cazador, era extremadamente hirsuto. Cuando Isaac tocó las manos de Jacob, creyó que era Esaú. Lo extraño de esta antigua historia es que Esaú era tan hirsuto que sus manos parecían piel de cabra. ¿Alegoría o exageración? El relato se refiere al período de los primeros asentamientos en Canaán. Tiene varias lecturas, tanto literales como alegóricas. En los días de Abraham e Isaac, las ciudades no eran la norma en Canaán; mucha gente aún vivía al aire libre, en cuevas, o eran nómadas. La pregunta es: cuando se escribió la Biblia, ¿pensaban que todos los humanos siempre habían estado totalmente desarrollados?

¿O tal vez creían que había algunos humanos menos desarrollados que otros? Tal vez la historia se refiera a los edomitas, los descendientes de Esaú, que vivían en la actual Jordania, donde se encuentra Petra. La Torá no los consideraba muy avanzados. Lo importante es esto: si era razonable pensar que un ser humano podía ser tan peludo como una cabra, la distancia mental entre el ser humano y el animal no era tan grande como llegaría a ser más adelante.

Stephanie Moser, especialista en iconografía, intenta dar una explicación:

"Otra figura bíblica que transmitía una sensación de pasado remoto era Esaú, el hermano de Jacob. Esaú es descrito como cubierto de vello por todo el cuerpo y con frecuencia representado como un hombre salvaje. La descripción de su apariencia física como velluda está relacionada con su condición de cazador que vivía en áreas salvajes. También está relacionada con el hecho de que fue el antepasado de la nación edomita, quienes quizás fueran percibidos por los hebreos como cazadores."

Lo que Moser no explica del todo bien es por qué los cazadores debían ser peludos. ¿Existía la impresión de que había humanos en diferentes etapas de evolución? Los hebreos, por supuesto, no entendían conceptos como "genus" o "especie". Quizás estoy interpretando demasiado, pero es posible.

Como afirmo más arriba, hoy sabemos que, en Europa, hace decenas de miles de años, individuos Cro-Magnon coexistieron y se cruzaron con neandertales. Hubo otros homínidos estrechamente emparentados que convivieron con los humanos y estaban menos avanzados, como los denisovanos. ¿Es posible que en el Medio Oriente el conocimiento de esas especies haya sobrevivido hasta la época bíblica? Nuevamente, es posible.

Moser confirma que, más adelante, en tiempos clásicos, los bárbaros eran representados como primitivos, es decir, que los forasteros o enemigos eran vilipendiados de esa manera:

"Fue, por tanto, en esta etapa temprana, que se establecieron íconos clave para significar el pasado remoto, como el garrote, la piel de animal, la desnudez, el vello corporal y el color de piel oscuro. Estos atributos se convirtieron en símbolos visuales que desempeñaron un papel fundamental en la comunicación de lo primitivo y en la diferenciación de los no griegos y no romanos. Significaban una condición de extranjero o bárbaro y resumían las cualidades de una existencia no civilizada."

Así que, incluso cuando no se hablaba de griegos o romanos, existía la idea de que había humanos que quizás no estaban tan evolucionados como otros. A través de San Pablo, los cristianos pueden haber heredado ese concepto, pero lo entendieron como una diferencia entre cristianos y paganos. Moser explica:

"En un sentido general, los íconos visuales desarrollados en los primeros tiempos cristianos, medievales y renacentistas, funcionaban como parte de un diálogo más amplio sobre cómo debían definirse los no cristianos. Ese diálogo era inherentemente visual y dependía de formas simbólicas de transmitir el primitivismo de una existencia pagana."

Los primeros cristianos, obviamente, nunca se detuvieron a pensar que, si en la Biblia había seres humanos poco avanzados o poco civilizados, era posible que los antepasados de toda la humanidad también hubiesen sido así. Mi conclusión es que es muy posible que los antiguos hebreos tuvieran la intuición de que, originalmente, los seres humanos habían sido primates.

~

Digamos que el mito de Adán y Eva trata sobre el comienzo de la consciencia humana. Entonces, todo cobra sentido. Imaginemos a Adán y Eva como una pareja de homínidos que probablemente se hubieran alejado del resto de su grupo y habían comenzado a hablar y a entenderse entre sí. Por supuesto, es una escena imaginaria. En la vida real, el surgimiento de la consciencia humana tomó decenas de miles de años.

Adán y Eva, siendo animales, no sabían nada sobre su futuro ni sobre su inevitable muerte. En ese sentido, efectivamente eran inmortales. Vivían el día a día. Pero no eran los únicos homínidos sobre la Tierra. Eran los primeros que se entendían entre sí, que pensaban, que podían decidir si sus acciones serían buenas o malas. Ninguna otra especie animal entendía el bien y el mal. En ese sentido —si podemos imaginar que tal pareja existió alguna vez— ellos fueron, en efecto, los primeros humanos.

Después de que Caín mató a Abel, dejó a sus padres. Tenía miedo de que otros homínidos pudieran matarlo. Encontró otro grupo y luego aparece con una esposa de ese grupo. De lo contrario, no hay explicación posible para su existencia. Es probable que esa esposa se hubiera vuelto totalmente humana a través del lenguaje, y que juntos enseñaran a sus hijos a hablar y a pensar. Así comenzó la humanidad a crecer y a desarrollarse como especie.

EZEQUÍAS

Aparte de la existencia de una deidad, si el Libro del Génesis se interpreta alegóricamente, tiene mucho sentido desde un punto de vista histórico y darwiniano. Lo contrario ocurre con la interpretación literal y religiosa.

Casi ocho siglos después, Saulo de Tarso —también conocido como San Pablo—, un judío de la diáspora griega, nacido en la provincia romana de Cilicia (hoy Turquía), añadió algunos detalles importantes al mito. A diferencia del resto de los seguidores de Jesús, que eran analfabetos, Pablo sabía leer y escribir y dominaba el griego, el latín y el hebreo.

Como se mencionó antes, la interpretación que Pablo hacía del mito era que, antes del Jardín del Edén, Adán y Eva habían sido inmortales. Por supuesto, aún no eran humanos. No tenían noción de su propia finitud.

Pablo —quien probablemente estuviese familiarizado con los filósofos griegos (especialmente con Platón)— interpretó el mito con una mentalidad nueva, propia de alguien contemporáneo de Jesús, pero con una cultura mucho más sofisticada. Según Pablo, lo que ocurrió en el Jardín del Edén fue que Adán y Eva recibieron un alma inmortal (psique) otorgada por Dios. Era una explicación adecuada para la consciencia humana en aquella época. La idea del alma inmortal es, por supuesto, platónica.

En la Biblia hebrea, la palabra que más se utiliza para referirse a la consciencia es *nephesh* (hebreo נפש, "aliento de vida"), es decir, los sentidos, o la sintiencia. La palabra aparece setecientas cincuenta veces en la Tanaj.

La adición de vocabulario más importante del Nuevo Testamento es la palabra *psyche* (griego: ψυχή, o "alma"), que en realidad se utiliza ciento cinco veces y se entiende como la mente humana, incluyendo la segunda capa de la consciencia humana: la cognición.

EN LA ANTIGÜEDAD, la gente se preguntaba si el alma que poseían los humanos era distinta de la del resto de los animales, porque sabían que teníamos un tipo especial de consciencia. Y sí, la tenemos. Tenemos consciencia humana.

Como ya dijimos, algunos filósofos griegos (como Platón), de forma muy civilizada, creían que los humanos tenían un alma inmortal. San Pablo introdujo la noción de un alma inmortal individual basada en la de Platón, pero añadió detalles propios para que encajara en su doctrina cristiana. Los humanos eran superiores y estaban separados del resto de los animales. Los saduceos, que eran la comunidad judía más importante de la época, rechazaban la idea del alma inmortal, y los judíos la han rechazado desde entonces.

Aristóteles pensaba que teníamos alma, pero que era mortal, como la del resto de los animales. Mucho después, Santo Tomás de Aquino fue un paso más allá y especificó que sólo los humanos tienen almas inmortales. Dijo que los animales tienen almas, pero mortales. Este tipo de decisiones son las que atormentan a la teología cristiana. Sin embargo, en Occidente nos habíamos separado de nuestros compañeros del reino animal desde mucho antes. Santo Tomás de Aquino, en ese sentido, siguió lo que ya se había dicho antes que él. Y cada vez que se toma una decisión así, hay que explicar los porqués y los cómos, y eso no siempre es una tarea fácil. Lo que viene después nunca, nunca, tiene mucho sentido.

Si partimos del hecho de que todos los animales están vivos —es decir, que tienen *nephesh*, según los hebreos—, entonces lo que Adán y Eva adquirieron en el Jardín del Edén fue lo que los griegos llamaban *psyche*, lo que San Pablo imaginó como el alma inmortal individual, y lo que hoy llamamos *cognición*. Si se interpreta correctamente, entonces, el mito explica la adquisición de las dos capas de la consciencia humana.

CIENCIA

SCHRÖDINGER

– LA INFORMACIÓN Y LA VIDA TIENEN NATURALEZAS DISTINTAS

"La reflexión es la copia o repetición necesaria del mundo de la percepción según se presenta originalmente, pero es una copia especial en un material completamente distinto."

El mundo como voluntad y representación —

Arthur Schopenhauer

Se podrían escribir muchos libros sobre la contribución de Schrödinger al conocimiento. Y—seguramente—muchos se han escrito. Uno de sus mayores logros en la física fue probablemente la ecuación de la onda —el comportamiento de las partículas a nivel cuántico. Schrödinger, un físico galardonado con el Premio Nobel, también incursionó en la biología, una ciencia en la que colaboró de forma importante con sus descubrimientos sobre el ADN, entre otras cosas. Hasta su muerte continuó abogando por una mayor colaboración entre la física, la biología y la química, especialmente para explicar el surgimiento de la vida a partir de la materia inerte. Hay gente que sostiene que la ciencia ya ha resuelto algunos de esos temas. Sin embargo, al estudiar el origen de la vida, propuso que la materia viva estaba regida por cristales aperiódicos, es decir, que tenía una estructura molecular no repetitiva. Ésas fueron las primeras descripciones del ADN. Era, como Wittgenstein, un genio.

SCHRÖDINGER SE HIZO amigo cercano de Einstein y, como él, buscaba una teoría de los campos unificados. Intercambiaron abundante correspondencia sobre el tema.

En 1935, Schrödinger hizo pública la famosa metáfora del gato en la caja.

La amistad con Einstein se resintió cuando Schrödinger propuso que una masa rotatoria generaría un campo magnético, y publicó esa idea sin consultarlo. Einstein le dijo que no diferiría mucho de su propia teoría. Después de eso, dejaron de escribirse durante tres años.

Schrödinger reflexionó mucho sobre su idea de que una masa rotatoria producía un campo magnético.

Como se mencionó antes, en 1926 elaboró la fórmula matemática de la función de onda—la forma en que la posición de una partícula puede describirse como una cadena de posiciones. A partir de esa base, Heisenberg propuso el Principio de la Incertidumbre respecto a la posición de las partículas, y luego Niels Bohr presentó una idea que combinaba gran parte de lo que la física había descubierto hasta ese momento: la posición de una partícula puede describirse como una onda, y esa onda es en realidad la probabilidad de una posición. Al unir esa idea con el Principio de la Incertidumbre, Bohr concluyó que las propiedades de las partículas son totalmente aleatorias. La incertidumbre es fundamental en el universo. Ya vimos que Einstein se oponía a esa idea, diciendo que "Dios no juega a los dados con el universo." A lo que Bohr respondió: "No le digas a Dios lo que debe hacer." Puede que no tenga nada que ver con Dios, pero lo que se ha comprobado hasta ahora es que Bohr tenía razón sobre la naturaleza.

Atraído particularmente por los problemas más complejos con respecto a la mente y la materia, Schrödinger dio una serie de conferencias sobre la consciencia en Trinity College en 1956. Fueron publicadas bajo el título *¿Qué es la vida?* Esto es lo que más nos interesa de su obra: exploró la naturaleza de la autoconsciencia y la experiencia subjetiva; profundizó en los procesos biológicos y sus implicancias filosóficas. Y ofreció algunas respuestas importantes.

La vida apareció en la Tierra hace aproximadamente 4.300 millones de años, una cantidad enorme. El planeta está repleto de ella. Antes de intentar entender qué es la consciencia, qué somos los seres humanos, o los mamíferos, debemos entender qué es la vida.

Schrödinger describe cómo la vida no sigue la Segunda Ley de la Termodinámica. La vida no decae hacia el equilibrio, hacia la estabilidad. Dice: *"La vida parece ser un comportamiento ordenado y posible de la materia, no basado exclusivamente en su tendencia a pasar del orden al desorden, sino basado en parte en un orden existente que se mantiene."*

La vida es distinta del resto de la materia. La química orgánica y la biología siguen sus propias reglas. Los componentes vitales de los seres vivos son completamente diferentes del resto de la naturaleza. La vida se basa en un orden interno. La esencia de la materia inanimada es exactamente lo contrario: un caos total.

Entonces, si la vida no sigue las mismas reglas que el resto de la naturaleza, que es inanimada, y la vida—hasta donde sabemos—es exclusiva de nuestro planeta, la vida, además de ser fundamental (repito, algo que no podemos explicar), también podría ser un fenómeno aleatorio (lo cual confirmaría la hipótesis de Niels Bohr).

Las consideraciones más importantes sobre la consciencia comienzan cuando Schrödinger analiza los principios fundamentales de la filosofía y la ciencia occidentales, lo que él llama *"el principio de la comprensibilidad de la naturaleza y el principio de objetivación"*. La naturaleza puede entenderse, sí, pero eso debe hacerse suponiendo que hay un mundo real a nuestro alrededor, dice.

Para entender ese mundo, según el pensamiento occidental —dice—tengo que excluir al sujeto de la imagen. Me convierto en espectador. No pertenezco a ese mundo. Una vez aceptado eso, encuentro varios problemas, uno de ellos que mi cuerpo (y los cuerpos de otras personas—las otras esferas de consciencia) son también parte del mundo real. Así, la consideración más importante aquí es que mi propia sintiencia es parte del mundo material.

Aquí, sin decirlo con las mismas palabras, Schrödinger anticipa a Wittgenstein (la inefabilidad de ciertas cosas), y nuestra hipótesis de una "consciencia híbrida": *"... solo se ha logrado una imagen moderadamente satisfactoria del mundo al alto precio de sacarnos a nosotros mismos de ella... y hallando nuestra imagen del mundo 'incolora, fría, muda'. El color y el sonido, el calor y el frío son nuestras sensaciones inmediatas; no es de extrañar que estén ausentes en un modelo del mundo del que hemos eliminado a nuestra propia persona mental."* Así, solo podemos 'entender' el mundo, pero no nuestras sensaciones, porque estas no pueden ser 'entendidas'. La cognición solo entiende fenómenos cognitivos.

Schrödinger prosigue diciendo que le repugna la idea de que *"el 'mundo de la ciencia' se haya vuelto tan horriblemente objetivo como para no dejar lugar para la mente y sus sensaciones inmediatas."*

Y añade: *"La mente ha erigido el mundo objetivo exterior del filósofo natural a partir de su propia materia. La mente no podría enfrentarse a esta tarea gigantesca de otro modo que no fuera mediante el dispositivo simplificador de excluirse a sí misma—retirándose de su creación conceptual. Por lo tanto, esta última no contiene a su creador."* Entiendo que cuando Schrödinger dice que la mente erige el mundo exterior del filósofo a partir de su propia materia, quiere decir que la cognición solo entiende fenómenos cognitivos. Por supuesto, él es plenamente consciente de que ésta es una construcción de la filosofía y la ciencia occidentales.

Schrödinger rechaza la idea del 'homúnculo'. Sabemos que nuestra consciencia no reside dentro de nuestro cuerpo, ese hombrecito que observa el mundo entre nuestros ojos. La ubicación de nuestra mente es solo simbólica, dice. Sin embargo, hay un movimiento incesante de neuronas e impulsos electroquímicos, miles y miles de contactos cada fracción de segundo dentro de nuestro sistema nervioso. Así que, para que podamos entender, hay cosas que se mueven dentro de nosotros. Pero luego, como físico cuántico, recuerda que la frontera entre sujeto y objeto es realmente tenue: *"Se nos hace entender que nunca observamos un objeto sin que éste sea modificado o teñido por nuestra propia actividad al observarlo... El mundo se me da solo una vez, no uno existente y otro percibido. Sujeto y objeto son solo uno... porque esa barrera no existe."* La física cuántica y el misticismo oriental parecen coincidir en ello.

La conferencia siguiente es *"La Paradoja Aritmética: la singularidad de la mente"*. Aquí Schrödinger comienza diciendo: *"La razón por la que nuestro ego sintiente, percibiente y_pensante** no aparece por ninguna parte en nuestro modelo científico del mundo puede indicarse fácilmente en ocho palabras: porque él mismo es ese modelo del mundo."* * (el subrayado es mío).

La capa pensante de la consciencia es la que analiza el mundo. La sintiencia, la percepción, no analiza. Es una herramienta de ese análisis. Se utiliza para proporcionar evidencia de los fundamentos. Es la que no tiene explicación. La mente consciente—está diciendo—no puede analizar la consciencia. En todo caso, Schrödinger habla aquí de la paradoja de muchos egos y un mundo. Desde la perspectiva tradicional occidental, las mentes individuales están separadas y son autosuficientes.

Schrödinger introduce entonces los Upanishads y el misticismo oriental en el panorama, y sugiere la alternativa: las mentes y las consciencias están unificadas. Las mentes son solo iteraciones de una única consciencia. Tiene razón, por supuesto, en cuanto a la singularidad de la mente, pero yerra al no excluir la cognición. Las consciencias naturales son una. La cognición es artificial. Como creación humana derivada del lenguaje, no comparte su naturaleza.

El otro punto que discute en esta conferencia es la causalidad de la consciencia: *"Me resulta completamente imposible formarme una idea de cómo, por ejemplo, mi propia mente consciente (que siento como 'una') debería haberse originado mediante la integración de las consciencias de las células (o algunas de ellas) que forman mi cuerpo, o cómo debería, en cada momento de mi vida, ser, por así decirlo, su resultante."* Su intuición me parece lógicamente correcta. La consciencia parece ser un fenómeno holístico. Además, desde una perspectiva evolutiva, los órganos siguen al comportamiento, no al revés. *"La célula nerviosa individual nunca es un cerebro en miniatura"*, dice. Me atrevería a agregar que los organoides cerebrales cultivados en laboratorio (que no existían en la época de Schrödinger) nunca adquirirán plena consciencia.

Las sub-mentes son monstruosas, al igual que las mentes múltiples. Las primeras son artificiales, las segundas nunca han existido. Hay separaciones de lo sensorial en diferentes áreas, nada más. Ésa es la paradoja de Sherrington. El sistema nervioso opera en base a la integración de muchos subsistemas.

Schrödinger nos muestra dos paradojas de la consciencia, una interna y una externa. Luego indica cómo se puede llegar a una solución: *"Sostengo que ambas paradojas se resolverán (no pretendo resolverlas aquí y ahora) asimilando a nuestra construcción occidental de la ciencia la doctrina oriental de la identidad."* Eso es exactamente lo que intento hacer aquí. El nuevo elemento que introduzco es la dualidad sintiencia/cognición.

Ambas, la escuela occidental y la oriental, están parcialmente en lo correcto porque la consciencia humana tiene dos capas. La capa cognitiva hace preguntas y recibe algunas respuestas (a través de la religión, la filosofía y la ciencia). Como mencionamos antes, algunas pueden ser verdaderas, otras no tanto (no quiero juzgar). En cuanto a la capa sensorial, no formula preguntas ni recibe respuestas. No las necesita porque es una con la naturaleza.

Continúa: *"El [modelo cognitivo] es incoloro, silencioso e impalpable. Del mismo modo y por la misma razón, el mundo de la ciencia está privado de todo lo que solo tiene significado en relación con el sujeto que contempla, percibe y siente conscientemente. Me refiero, en primer lugar, a los valores éticos y estéticos, cualquier tipo de valores, todo lo relacionado con el significado y el alcance de todo lo perceptible. Todo eso no solo está ausente, sino que no puede, desde el punto de vista pura-*

mente científico, insertarse en forma orgánica… Todo lo que se fuerza a entrar en este modelo del mundo, toma la forma de una afirmación científica de hechos; y como tal, se vuelve erróneo."

Al tocar brevemente las consideraciones éticas, Schrödinger nos dice que la vida es valiosa, pero que la naturaleza no la valora. La naturaleza no emite juicios éticos. *"No hay nada ni bueno ni malo sino que el pensamiento lo hace así. Ningún hecho natural es en sí mismo bueno o malo, ni es en sí mismo bello o feo. Faltan los valores, y muy especialmente faltan el significado y el fin. La naturaleza no tiene propósito."* Nosotros somos los únicos que preguntamos '¿qué es bueno y qué es malo?'. Nos dice que somos los testigos y añade: *"El espectáculo que está delante de nosotros obviamente adquiere un significado solo con respecto a la mente que lo contempla."* El significado y la humanidad tienen un mismo origen.

La última de las conferencias de Schrödinger, *El Misterio de las Cualidades Sensoriales*, es quizás la más reveladora. Parece coincidir con la noción de una clara separación de los componentes de la consciencia humana: *"… todo nuestro conocimiento sobre el mundo… descansa enteramente en la percepción sensorial inmediata, mientras que, por otro lado, este conocimiento no logra revelar las relaciones de esas percepciones sensoriales con el mundo exterior, de modo que en la imagen o modelo que formamos del mundo exterior, guiados por nuestros descubrimientos científicos, todas las cualidades sensoriales están ausentes."*

Schrödinger explica con todo tipo de detalle científico cómo operan los sentidos: la idea de un físico sobre la luz amarilla es que consiste en *"ondas electromagnéticas transversales con una longitud de onda en el entorno de 590 milimicrones."* No obstante, *"la sensación de color no puede explicarse mediante la observación objetiva de un físico sobre las ondas de luz."* En resumen, la explicación de un físico no puede proporcionar una sensación. ¿Podría un fisiólogo hacerlo mejor? Schrödinger no lo cree posible. Y lo mismo que ocurre con el amarillo, sucede con el sabor dulce, las notas musicales, el tacto, el calor y el frío, el olfato, el gusto, etc. Nada funciona. La paradoja es que *"... la percepción sensorial directa del fenómeno no nos dice nada..., sin embargo, la imagen teórica que obtenemos descansa finalmente en un conjunto complicado de diversas informaciones, todas obtenidas mediante la percepción sensorial directa."*

DIGAMOS que la energía y la materia son nociones "fundamentales". Las nociones fundamentales son aquéllas que no podemos explicar, básicamente porque no podemos explicar del todo cómo comenzó el universo. La energía y la materia vinieron con el paquete original. ¿Cómo? No lo sabemos. Arriba, propongo que la vida también es una noción fundamental, aunque es el resultado del comportamiento aleatorio de las partículas.

Schrödinger postuló que la consciencia también era un fenómeno fundamental. Creo que con eso se refería únicamente a la sintiencia. Este principio es importante en las escuelas de pensamiento orientales: la interconexión de nuestras consciencias (que parecen múltiples) y la unidad subyacente de la naturaleza. Sin embargo, Schrödinger creía que un aspecto fundamental del universo era una red interconectada de energía "e información". El pensamiento oriental propone la unidad de lo sensorial pero excluye de ello la cognición (lo que incluye la información). Una vez más, sostengo que la cognición y la información son fenómenos exclusivamente humanos, y además, artificiales. La cognición y la información no pueden considerarse parte de ningún fenómeno fundamental.

APUESTO a que la sintiencia (que es una cualidad exclusiva de la vida) es tan fundamental como la vida misma. Como tal, forma parte de la unidad de la naturaleza. También está dentro de nosotros, que somos seres vivos. Somos parte de ella. Nuestros sentidos no necesitan comunicación ni explicación porque son parte de esa unidad. Ellos (y nosotros) *somos* la unidad. La sintiencia no necesita tiempo ni necesita cantidades. No tiene números. Es una.

La cognición, en cambio, es un subproducto del significado, o sea del lenguaje (una "invención", según Everett), que fuera incorporada a nuestra consciencia. Es únicamente subjetiva. Necesita comprender, necesita explicar, necesita comunicar. La cognición trae consigo la ética, la moral, la belleza y el juicio. La cognición llega con muchas otras cualidades que nos hacen únicos, y es también el componente inquisitivo de la consciencia humana (iba a escribir "naturaleza humana", pero—si no estoy errado—la cognición es artificial). Ha permitido que nuestra especie crezca exponencialmente; y también nos ha permitido ser testigos del universo y comprender muchos fenómenos naturales.

Los orígenes del fenómeno cognitivo, como se explicó antes, llegaron con el lenguaje. Tras incontables generaciones combinando sonidos y añadiendo significado, un homínido pronunció una combinación de sonidos con significado complejo (sintaxis). El interlocutor comprendió el significado. Bingo. La humanidad.

NEUROCIENCIA

– INTENTOS FÚTILES DE MEDIR LA EXPERIENCIA

"En última instancia, cualquier intento de negar que tu consciencia inmediata tiene fuentes externas es incoherente, porque dicha negación no puede pensarse ni expresarse salvo a través de los recursos conceptuales y lingüísticos que te ha proporcionado tu herencia social y tu evolución cultural y biológica. Incluso si fueras la última persona sobreviviente de una plaga universal, tu mente y tu capacidad de meta-consciencia serían inherentemente sociales."

– Adam Frank, Marcelo Gleiser y Evan Thompson

En la actualidad hay varios intentos de definir la consciencia. Asimismo, la perspectiva del marco dualista cartesiano (que reconoce a la naturaleza humana como un sistema combinado físico y metafísico) se considera hoy en día como un tabú científico.

Aunque la mente y la materia sean claramente dos entidades ontológicas distintas, hoy en día, la mayoría de la comunidad científica solo acepta nociones monistas. La mayoría de los neurocientíficos estudian únicamente el cerebro como una entidad física e individual. Este paradigma ignora deliberadamente la existencia de la cultura como un componente válido de la consciencia. Tristemente, es una visión solipsista del mundo, donde solo los aspectos materiales e individuales del cerebro son considerados "mente".

Desde mi humilde perspectiva, cualquier estudio sobre la consciencia debe incluir, al menos, la cognición (que incluye lenguaje y cultura); de lo contrario se está excluyendo la consciencia humana en su plenitud.

Desde el punto de vista etimológico, objetar al uso del término "consciencia" para referirse únicamente a la "sintiencia" resulta sencillo. El término tiene orígenes latinos: "scientia" significa "conocimiento" y "cum" significa "con". "Conscientia", por tanto, implica "conocimiento compartido". El conocimiento que compartimos, social o culturalmente. La sintiencia es exactamente lo opuesto. El entendimiento y el conocimiento son parte de la cognición, no de la sintiencia.

El reduccionismo científico intenta circunscribir la consciencia a un lugar o varios lugares en el cerebro individual. Eso es imposible: el término implica algo intangible que permite la comunicación con otros seres humanos. Usar "consciencia" como sinónimo de "sintiencia" la aísla innecesariamente y añade una complejidad que no es necesaria al hablar del tema.

En esta etapa —en las palabras de un neurocientífico—, la neurociencia prefiere estudiar "un 'escarabajo VW' con la esperanza de poder explicar ulteriormente cómo funciona un 'Tesla'.". La analogía no es adecuada. En realidad, los neurocientíficos quieren explicar un cohete como los que usa la NASA o Starlink, estudiando un Ford Modelo T. La evolución del cohete incluye el salto cuántico dado por los hermanos Wright: la invención del avión. No se puede explicar la plenitud de la consciencia humana en términos evolutivos.

Un reduccionista, el Dr. Kevin Morris, de la Universidad de Tulane, autor de *"Physicalism Deconstructed"*, sostiene que el cerebro *es* la consciencia. Aparentemente, no habría nada más allá del mundo físico. Esa visión es muy difícil de comprender para cualquiera que mantenga, con puro sentido común, que las ideas y el conocimiento (y la comunicación, en cierto grado) son entidades metafísicas.

Sin embargo, en una entrevista, Morris afirmó creer en un concepto del fisicalismo que va más allá (?) que el de otros filósofos:

"La física —una física matemática austera— describe las cosas relacionalmente, en términos de disposiciones, en términos de cómo interactúa una cosa con otra, y uno podría pensar —por razones que no tienen nada que ver con la cons-

ciencia— que debe haber más en el mundo que solo relaciones o disposiciones."

Esa visión parece contradecir la noción de que el cerebro *es* la consciencia. Los fisicalistas no logran aclarar mucho más, salvo su postura de que nada metafísico existe.

CUANDO NEWTON FORMULÓ la ley de la gravitación universal, explicó que las partículas se atraen con una fuerza proporcional al producto de sus masas. Hizo lo mismo con el movimiento de los objetos: un objeto puede estar en reposo o en movimiento. Si está en movimiento, mantendrá su velocidad constante y en línea recta a menos que una fuerza externa lo altere. También explicó la aceleración y las distintas fuerzas que actúan sobre un objeto. Esto ocurrió en el siglo XVII. No explicó *por qué* suceden estos fenómenos.

En el siglo XX, Einstein refinó la noción de la gravedad, no como una fuerza, sino como la curvatura del espacio-tiempo provocada por una distribución desigual de la masa. Ya estamos en el siglo XXI y todavía no sabemos por qué ocurren esos fenómenos. Se los llama "fundamentales". Hay muchos fundamentales. Son fenómenos cuyos orígenes están más allá del conocimiento.

Como se mencionó más arriba, tenemos una idea de cuándo comenzó la vida en la Tierra. Todavía no podemos explicar por qué se comporta como se comporta. Las leyes normales de la física no se aplican a la biología. ¿Por qué sucede eso? Tal vez la vida sea también algo fundamental. Los sentidos constituyen un fenómeno que viene con la vida. No hay evidencia de que ningún objeto inerte, como una piedra, sea sintiente (ni consciente, ya que estamos). Yo diría —en contra de algunas teorías de la consciencia— que afirmar que la materia inerte podría ser consciente es algo bastante absurdo.

La neurociencia sigue estudiando cerebros individuales con la esperanza de encontrar el lugar desde donde emerge la consciencia. Ese lugar no existe. Nuestros cerebros tienen un *neocórtex*, que se produjo gracias a nuestra consciencia cultural mediante un ciclo de retroalimentación. El neocórtex parece haber crecido desde el momento en que adquirimos nuestra consciencia humana distintiva; es decir, su origen y su crecimiento espectacular parecen ser culturales.

En cualquier caso, incluso si los neurocientíficos encontraran ese lugar físico, ¿cómo explicaría eso la "emergencia de la consciencia"?

La consciencia humana individual no es puramente física. No *emerge* del cerebro ni *en* el cerebro; es al revés: las neuronas y los genes se crean como resultado del comportamiento.

Además del neocórtex, el hipocampo humano ha crecido, sin duda, porque tenemos más funciones cognitivas relacionadas con la memoria, mientras que las áreas de la memoria emocional han disminuido. Eso es notable si se compara con otros primates.

Un artículo de 2020 de Rogers Flattery *et al* da cuenta del crecimiento proporcional del área del hipocampo en los humanos, con relación al aprendizaje y la memoria a largo plazo, en contraposición con la memoria emocional:

"El hipocampo es importante para funciones cerebrales superiores como la navegación espacial y la consolidación de la memoria, y contribuye a habilidades que se consideran exclusivamente humanas... En el contexto de estudios previos en monos rhesus y humanos, nuestros hallazgos indican que, en el hipocampo en su conjunto, las proporciones de neuronas en CA1 y el subículo aumentan progresivamente, y las proporciones de células granulares de la circunvolución dentada disminuyen, desde los monos rhesus a los chimpancés hasta los humanos."

Lo que sucede es que el neocórtex y el hipocampo son parte de un sistema de información que los individuos humanos compartimos con el resto de la humanidad. La consciencia colectiva fue el efecto de la cultura y—de forma asombrosa, y artificial—crecemos desde la infancia hasta integrarnos en esa cultura común.

En otro artículo reciente, Ben Turner describe los hallazgos de un estudio realizado por físicos de la Universidad de Sídney. El estudio descubrió ciertas pautas de ondas misteriosas en el neocórtex. Turner informa:

"La capa exterior y rugosa del cerebro —conocida como la corteza cerebral— se ocupa de muchas de las tareas más complejas de la mente, como la memoria, la atención, el lenguaje, la percepción e incluso la consciencia misma... Sin embargo, la neurociencia ha ignorado en gran parte la propia corteza y, en cambio, tradicionalmente se ha enfocado en las conexiones e interacciones entre las neuronas (las células

nerviosas del cerebro) para determinar cómo funciona ese órgano rugoso."

Lo que está diciendo es que los neurocientíficos parecen ignorar la corteza externa—donde reside la mayor parte de la consciencia humana—y se concentran exclusivamente en funciones biológicas. Por supuesto, ese sesgo fisicalista—que no solo se centra en el cerebro individual, sino en solo una parte de él—no ayudará a la neurociencia en su búsqueda de la consciencia humana.

En este momento, existen muchas teorías sobre la consciencia, pero no hay una definición universalmente aceptada de lo que es la consciencia. La tendencia actual es claramente monista, fisicalista y reduccionista.

Desde la perspectiva de un lego, la necesidad de una definición clara y consensuada de la consciencia es evidente. Para estudiar la consciencia humana de manera efectiva, es necesario delimitar sus fronteras, las cuales deben incluir aspectos cognitivos, culturales y lingüísticos, con el fin de abarcar plenamente el aspecto 'humano' de dicha consciencia. Un enfoque puramente reduccionista no logra explicar los complejos intercambios y las transformaciones de la información que ocurren durante la comunicación cultural.

DARWIN Y WALLACE

– DIVERGENCIAS SOBRE LA EVOLUCIÓN HUMANA

"Se debe haber dado un gran paso en el desarrollo del intelecto cuando el arte semi-intuitivo y semi-instintivo del lenguaje entró en uso; pues el uso continuo del lenguaje habrá influido en el cerebro y producido un efecto hereditario; y esto, a su vez, habrá influido en la mejora del lenguaje. Como bien ha señalado el Sr. Chauncey Wright, el gran tamaño del cerebro humano en relación con su cuerpo, comparado con los animales inferiores, puede atribuirse en gran parte al uso temprano de alguna forma simple de lenguaje —ese maravilloso instrumento que le coloca signos a toda clase de objetos y cualidades, y que despierta cadenas de pensamiento que jamás surgirían sólo a partir de la impresión de los sentidos, o que, si surgieran, no podrían desarrollarse. Las facultades intelectuales superiores del ser humano, como la de razonar, la abstracción, la autoconsciencia, etc., probablemente

deriven de la continua mejora y ejercicio de las demás facultades mentales."

El origen del hombre –

Charles Darwin

En *El origen del hombre*, es posible apreciar que el propio Darwin supo reconocer el efecto que el lenguaje (y, por supuesto, la cultura) había tenido sobre el cerebro humano. Pudo ver el circuito de retroalimentación que actuó sobre el cerebro adaptativo, produciendo el crecimiento del neocórtex. Darwin intuyó que —en cierto momento— hubo un salto masivo (yo diría meta-evolutivo) que colocó al *Homo sapiens* muy por encima de la mera sintiencia y de cualquier otra especie.

No es que la cognición dependa completamente del lenguaje, pero quizás pueda decirse que existe un grado de cognición básico, prelingüístico, y otro lingüístico.

Nuestras mentes parecen operar en dos niveles distintos para alcanzar dos fines distintos.

Una capa de la mente —la sintiencia— está ahí para mantener con vida a nuestro cuerpo individual. Como todos los demás mamíferos, necesitamos los sentidos para ver, oler, oír, saborear y tocar. Nos permiten movernos libremente por el entorno, disfrutar de la comida o la música; ver, oler u oír depredadores, enemigos o parejas sexuales; y reconocer formas y texturas familiares con los dedos o los pies cuando no podemos verlas, entre otras actividades vitales necesarias para sobrevivir como individuos. Esa capa está totalmente relacionada con la biología, es totalmente física. Es un resultado de la evolución, y todos los mamíferos, como nosotros, la poseen.

La parte biológica de nuestra consciencia, que también es la parte 'emocional', se concentra principalmente en la supervivencia: regula la temperatura corporal, la respiración y el ritmo cardíaco, por ejemplo. Ése es el componente animal (en oposición al humano). Siempre que hay un trauma o peligro, la mente activa su respuesta: "lucha o huida". Todo tipo de sustancias químicas inundan nuestro cuerpo, desde adrenalina hasta cortisol. El pensamiento racional desaparece. También interviene el subconsciente, tal como ocurre durante los sueños.

Con frecuencia, durante los acontecimientos de "lucha o huida" en los seres humanos, se ha mencionado un extraño fenómeno: el tiempo parece dilatarse. Lo que realmente ocurre es que en esas situaciones, la sintiencia se impone, con la consecuencia de que el tiempo prácticamente se detiene, ya que no existe para los sentidos.

Nuestra principal preocupación aquí es la adición del segundo componente: con él, nuestra consciencia se convierte realmente en consciencia humana. El pensamiento ocurre dentro del individuo y es —en las palabras de George Steiner— completamente "impalpable". El estudio fisicalista y neodarwinista de la mente humana se ocupa solo de la sintiencia.

Al comienzo de este capítulo vimos que Charles Darwin había intuido que el lenguaje influía profundamente en la cognición. Pudo suponer que el dualismo ofrecía una buena explicación para la consciencia. Lamentablemente, el siglo XIX fue un periodo en el que las únicas opciones eran el materialismo o la religión. Sin otra posibilidad racional, eligió el materialismo. Repetía a menudo que los seres humanos eran demasiado orgullosos para creer en otra cosa que no fuera la Creación: *"El hombre, en su arrogancia, se cree una gran obra, digna de la intervención de una deidad; más humilde y, creo, más verdadero es considerar que fue creado a partir de animales."*

Sus biógrafos —Adrian Desmond y James Moore— nos cuentan que adoptó una explicación inverosímil para la consciencia, solo comprensible en una persona de la inteligencia de Darwin por el contexto de su época:

"[El profesor John Elliotson] solía provocar diciendo que el cerebro excreta el pensamiento como el hígado la bilis. Era el 'bon mot' exacto de Darwin. 'El pensamiento, por muy ininteligible que sea, parece tanto una función del órgano como lo es la bilis del hígado'. Pero la provocación de Darwin tenía un aguijón que incluso Elliotson no lograba. Todo el mundo aceptaba que la gravedad era una 'propiedad intrínseca de la materia', nadie le daba un complemento espiritual. Entonces, '¿por qué el pensamiento' no habría de considerarse 'una secreción del cerebro' del mismo modo? 'Es por nuestra arrogancia, es por nuestra admiración de nosotros mismos'."

Lo que propone la neurociencia hoy —no en el siglo XIX— es una noción similar: que la consciencia emerge de las neuronas.

La corriente científica neodarwinista intenta explicar la consciencia únicamente a través de una acumulación gradual de mutaciones genéticas aleatorias por medio de la selección natural, la herencia y el aislamiento. Creo que eso es erróneo por dos razones:

1. La evolución también puede ocurrir mediante mecanismos alternativos como mutaciones espontáneas, es decir, inserciones genéticas o simbiogénesis;

2. La consciencia en los humanos tiene un componente cultural y artificial que no puede explicarse mediante la evolución física.

¿Por qué no puede la evolución biológica por sí sola explicar la consciencia humana? ¿Existen otras razones que lo indiquen?

Bueno, todos sabemos que las mutaciones implican cambio. Debido a su aleatoriedad, no todas las mutaciones son beneficiosas para un individuo o una especie. Muy a menudo, el resultado de una mutación es justamente lo contrario. En esos casos, los mutantes mueren. Lo que ayuda a las mutaciones beneficiosas es la selección natural. La selección natural produce individuos mutantes más aptos para sobrevivir en un entorno determinado. Ésta es probablemente la aportación más destacada de Darwin. La mutación aleatoria necesita combinarse con la selección natural para que una especie prospere.

Los humanos somos el resultado de incontables mutaciones biológicas que nos ayudaron a sobrevivir hasta cierto punto. Ese punto fue el comienzo de la humanidad, el comienzo del lenguaje y la cultura. A partir de entonces —gracias al lenguaje y la comunicación—, las mutaciones dejaron de ser individuales y pasaron a ser mayormente culturales. Algunas culturas progresaron más que otras gracias a mutaciones beneficiosas. Los grupos cambian y mejoran.

Las mutaciones biológicas —que aparentemente (?) continúan ocurriendo en nuestra especie— ya no ayudan a los individuos a sobrevivir. Las instituciones humanas protegen a los individuos sin que sea necesario que sean biológicamente más aptos. La cultura humana se opone a la "ley de la selva".

Los seres humanos forman parte de grupos, y esos grupos brindan apoyo a los individuos. Cada cultura impone reglas, ya que los grupos sin reglas perecen. El resultado es que los individuos racionales se comunican dentro de su cultura, y la aptitud física —aunque deseable— no es necesaria para que un individuo sobreviva y prospere en la sociedad. Lo que sí es necesario es la inteligencia, junto con otras cualidades.

La aparición de la consciencia humana no calza fácilmente en la evolución darwiniana. Eso se debe a que no tiene explicación dentro de ese esquema. Fue un proceso prolongado que culminó con el lenguaje y el pensamiento. Parte de este proceso puede considerarse dentro del marco evolutivo. Pero gran parte —especialmente su culminación— con la lógica, la razón, el decoro, las instituciones humanas abstractas, debe considerarse meta-evolutiva. Wallace lo sabía. Darwin lo sospechaba. No hay explicación física. La única explicación es colectiva (cultural y dualista). La naturaleza metafísica de la consciencia humana no puede ser ignorada.

La principal razón del sesgo científico hacia el fisicalismo y el reduccionismo es que la biología es una ciencia física y no puede ofrecer explicación alguna para la consciencia colectiva dentro de sus límites; pero hay otras razones que también contribuyen al rechazo del dualismo.

La neurociencia ha adoptado actualmente un enfoque monista. Y eso tiene su lógica. Mientras que Descartes, un filósofo, creía que los seres humanos poseemos una naturaleza dual —lo que en su tiempo se entendía como cuerpo y "espíritu"—, la neurociencia se ha dedicado a estudiar solo el lado biológico de esa naturaleza y niega la existencia de un "espíritu" o un "alma". Bueno, aclaremos algo: hoy sabemos que lo que impulsa al ser humano no es el alma, sino su mente (psique), su consciencia humana (ambas, sintiencia y cognición). Ésta existe, obviamente, y es intangible; no surge de las neuronas. Son las neuronas las que surgen de ella.

La verdad innegable e infalsificable es ésta: los seres humanos no nacemos con nuestras capacidades humanas completamente desarrolladas. Solo nacemos con el equipamiento necesario para llegar a ser plenamente humanos. Pero, en el momento del nacimiento, no podemos hablar ni comunicarnos. No entendemos a nuestros padres, ni a nuestros hermanos, ni a nuestros parientes. Ellos nos aman y cuidan de nosotros. Y nosotros no podemos hacer nada más que permitir que nos amen y nos cuiden. Con el habla, con el lenguaje, con la comunicación, llega la cognición; todas ellas son habilidades que el ser humano necesita para vivir en sociedad, dentro de una cultura; y somos seres sociales. Necesitamos vivir en sociedad y necesitamos la sociedad para sobrevivir. Un oso puede vivir solo. Nosotros no. Poseemos una capacidad altamente adaptativa para aprender de nuestras experiencias, pero esta capacidad no habría sobrevivido la prehistoria sin la transmisión acumulativa de conocimientos de generación en generación. En los seres humanos, la información se transmite de una generación a otra, pero también de manera simultánea, dentro de la misma generación.

Acontecimientos recientes demuestran la situación caótica en la que se encuentra actualmente el mundo de la neurociencia. Como ya explicamos aquí, existen muchas teorías de la consciencia, pero no hay una definición universalmente aceptada de la misma. La tendencia es claramente monista, fisicalista y reduccionista.

Algunos filósofos de la ciencia —como Alva Noë—, sin embargo, rechazan el monismo y describen al "ser humano como una especie de fenómeno bio-cultural". Totalmente de acuerdo.

Otro problema central es el de los sentidos, o los "qualia" si se prefiere: los fenómenos subjetivos que constituyen la experiencia. Es decir, de qué manera, como individuos, sentimos dolor, disfrutamos de la música o tenemos otras sensaciones. La pregunta planteada por Chalmers, que dio origen al *"problema difícil de la consciencia"*, se refiere a cómo se pueden explicar los qualia en términos de puntos de correlación neuronal en el cerebro.

Desde mi perspectiva, las cosas resultan más claras: en un momento dado, uno de nuestros antepasados homínidos fue lo suficientemente inteligente como para comprender un mensaje, una petición —o probablemente una orden— de otro primate. Él, o ella, fue capaz de conectar los sonidos emitidos por el otro con un significado relativamente complejo. Él, o ella, comprendió. Eso fue todo; ése fue el inicio de la cognición dentro de la consciencia humana. Fue el comienzo de la humanidad, que fue cultural. Y lingüístico. El fenómeno de Adán y Eva. La repetición de ese acto, probablemente a lo largo de muchas generaciones, creó neuronas que acabaron formando circunvoluciones en la corteza cerebral.

Fue un salto gigantesco. A partir de ese momento, los humanos se convirtieron en los únicos animales con un lenguaje recursivo complejo que acabó incluyendo el presente, pero también el pasado y el futuro: es decir, la posibilidad, la memoria a largo plazo y la imaginación voluntaria, que otros animales parecen no poseer o poseer en menor grado. La información y el conocimiento crecieron en sofisticación. Al mismo tiempo, la corteza cerebral se expandió de manera exponencial. El cerebro humano necesitó cráneos más grandes para contenerlo, y las mujeres comenzaron a parir con dolor. Pero, sobre todo, los humanos fueron capaces de cooperar a una escala mucho mayor y se destacaron en su capacidad para funcionar como seres sociales en grupos más amplios.

A través de la religión —que no es más que otra búsqueda del conocimiento, una forma antigua de ciencia— los antiguos hebreos explicaron que, antes del lenguaje, no existía la humanidad. Como ya insinué anteriormente (de forma no religiosa, enfatizo), el mito de Adán y Eva en el Jardín del Edén aborda poéticamente cuestiones como la comunicación, la culpa, el castigo, el trabajo y, básicamente, el inicio de la consciencia, la autoconsciencia y la identidad. Dos homínidos, uno masculino y otro femenino, se convierten en humanos. Ése fue el mito. Hoy sabemos que, a partir de ese momento —no como advierte Dios en el mito, sino en la realidad— las vidas humanas cambiarían radicalmente. Aprendimos a vivir en sociedades cada vez más grandes. Y desarrollamos algo que no era físico: una consciencia colectiva. Un corpus de información compartido por el grupo colectivo, por la cultura.

Lo que debería ser evidente para la ciencia hoy en día —y no parece serlo— es que la consciencia humana no puede hallarse únicamente en un cerebro individual. Los cambios y los intercambios culturales y lingüísticos son comunes, y normalmente consensuados. La consciencia humana es en parte lingüística y en parte cultural.

Tampoco parece evidente que el lenguaje y la cultura constituyan un fenómeno "cisne negro", como dije antes; el hecho de que un simio comprendiera a otro simio probablemente no fue tan extraño ni estuvo tan alejado de la evolución biológica normal: otros animales se comunican. Pero si consideramos ese acto como el inicio del lenguaje, la cultura y la sociedad, entonces fue, sin duda, un fenómeno meta-evolutivo.

Con el advenimiento de la humanidad y la cognición llegaron otros fenómenos que definitivamente no son somáticos, como la memoria, la imaginación voluntaria (no onírica), la comunicación, la cooperación, la creatividad y el espíritu aventurero; en parte, la consciencia colectiva. Ésta última es una entidad metafísica que vive dentro de una cultura e interactúa con el individuo. Una cultura es más que la suma de los individuos que la componen; implica una historia y un futuro posible, es dinámica: es sinérgica.

Alva Noë (*The Entanglement*) describe sucintamente lo que la ciencia de la consciencia debe hacer ahora:

"La biología moderna alcanzó todo su poder explicativo —su capacidad para dar cuenta de la vida, de su variedad y sus orígenes— gracias a la Síntesis Original, es decir, a la integración de la evolución darwiniana con la genética mendeliana, pero también con la nueva biología molecular que alcanzó la madurez a mediados del siglo XX. Pero si queremos explicar la 'mente humana', muchos creen hoy en día, necesitamos una Nueva Síntesis, es decir, necesitamos unir la biología, así entendida, con la teoría de la evolución cultural".

Tal cual.

Repito —desde mi punto de vista— la consciencia humana tiene dos capas: una básica, biológica, representada individualmente por las partes reptiliana y mamífera del cerebro triuno y adaptativo; y otra cultural, representada por la corteza. Esta última parece haber crecido como resultado directo de las interacciones sociales y lingüísticas. Las capas están integradas, pero son definitivamente autónomas, ya que se originan en fenómenos distintos: uno de ellos es evolutivo, y el otro, meta-evolutivo, como se ha explicado. Eso también significa que tienen naturalezas distintas. Lo que Noë llama "evolución cultural", y yo llamo "meta-evolución".

La interpretación de Yuval Noah Harari sobre el avance científico en el campo de la consciencia es devastadoramente clara:

"Para ser francos, la ciencia sabe sorprendentemente poco sobre la mente y la consciencia. La ortodoxia actual sostiene que la consciencia es creada por reacciones electroquímicas en el cerebro y que las experiencias mentales cumplen alguna función esencial de procesamiento de datos.

Sin embargo, nadie tiene idea de cómo un conjunto de reacciones bioquímicas y corrientes eléctricas en el cerebro crea la experiencia subjetiva del dolor, la ira o el amor. Pero en 2016 no teníamos esa explicación, y más vale que tengamos eso en claro".

Han pasado más de ocho años y los neurocientíficos siguen por el mismo camino.

El título del segundo libro de Harari (*Homo Deus*) sugiere que nos hemos convertido en deidades. Desde mi punto de vista, nuestra especie, *H. sapiens*, podría llamarse acertadamente *Homo Creator*, ya que hemos forjado colectivamente una entidad intangible —la consciencia humana— dentro de nuestras culturas y sociedades, que nos une como testigos del universo. Nuestros antepasados religiosos creían en el Espíritu Santo. Hoy, hemos manifestado un holograma universal de ese espíritu en el ámbito digital.

Pero volvamos a Darwin. ¿Por qué se tardó tanto alguien en desarrollar una teoría de la evolución? La idea, en realidad, había existido durante muchos siglos. Creemos que los hebreos fueron proto-darwinistas. Un análisis minucioso del Libro del Génesis lo confirma. Ellos parecen haber comprendido que los humanos habían evolucionado. Ciertamente, hubo muchos otros que intuyeron esa posibilidad. Hobbes estaba convencido de que nuestros antepasados humanos no podían prever su propia muerte. El conde de Buffon, un naturalista francés, vio la relación entre los humanos y otros simios.

En su poema *De rerum natura* ("La naturaleza de las cosas"), Lucrecio, el poeta romano del siglo I, imagina cómo vivían los primeros humanos:

"Privados para siempre del sol. Pero su temor

era más bien que hordas de bestias salvajes

volvieran horrible el sueño nocturno

de esos pobres desdichados; y, expulsados de su casa,

huyeran de sus refugios rocosos al acercarse

el jabalí de labios espumosos, o el león fuerte,

y en la medianoche tuvieran que ceder con terror

a esos fieros huéspedes sus camas de hojas extendidas".

Lo cierto es que Erasmus Darwin, médico y abuelo de Charles Darwin, había escrito sobre la posibilidad de la evolución mucho antes que su nieto. Lo que Charles Darwin aportó a la teoría evolutiva —además de una enorme cantidad de investigación que ocupó la mayor parte de su vida— fue algo muy innovador: la idea de la selección natural, es decir, la "supervivencia del más apto". Por supuesto, eso no se aplica a la civilización humana, porque, como sabemos, la civilización es un resultado de la cognición, que fue meta-evolutiva.

La reacción del público en general, en el momento de la publicación del *Origen* fue de burla. ¿Cómo podía alguien decir que descendemos de los monos? Las críticas más fuertes vinieron de conservadores religiosos y de algunos escépticos científicos. Darwin se deprimió, pero su mayor preocupación era la reacción de la comunidad científica. Entre estos últimos, una de las peores críticas fue la de Adam Sedgwick, profesor de geología de Darwin: *"He leído tu libro con más dolor que placer. Admiré mucho ciertas partes; partes me hicieron reír hasta que me dolieron los costados; otras partes las leí con absoluta tristeza."*. John S. Henslow, académico de Cambridge, amigo y mentor de Darwin, le hizo una crítica inicial más suave, aunque también le causó profundo dolor: *"... [el libro] sin duda contiene muchas inferencias legítimas, pero no lleva la hipótesis (porque no es una verdadera teoría) demasiado lejos."*. Con el tiempo, Henslow aceptó e incluso promovió la obra de Darwin.

En muchos sentidos, Alfred R. Wallace fue un hombre del Renacimiento, un todoterreno dentro del mundo científico; había sido un entomólogo aficionado —como Darwin—, pero también biólogo y antropólogo, entre otras cosas. Fue, mucho más que Darwin, un genio científico. Había leído *El viaje del Beagle*, así como algunas ideas de Lamarck, Saint-Hilaire y Erasmus Darwin sobre la evolución, las cuales aparentemente inspiraron sus propias teorías sobre el tema. Viajó extensamente por América del

Norte y del Sur, así como por Australasia, especialmente por Indonesia, Malasia y Singapur. Pero lo más importante es que Wallace desarrolló una teoría bastante completa de la evolución y la selección natural de manera casi simultánea a Darwin. Mantuvo correspondencia con Darwin y —al parecer— sus cartas impulsaron a este último a publicar *El origen de las especies* antes de lo previsto, para poder reclamar la prioridad del descubrimiento. A mediados de la década de 1850, Wallace escribió un artículo (*Sobre la ley que ha regulado la introducción de nuevas especies*) que no trataba específicamente sobre la evolución, pero sí mostraba claramente el rumbo que estaban tomando sus ideas. En 1858 le envió a Darwin su ensayo fundamental *Sobre la tendencia de las variedades a apartarse indefinidamente del tipo original*, el cual coincidía casi exactamente con las ideas de Darwin.

Sin embargo, había diferencias: mientras Darwin ponía énfasis en la competencia entre especies, Wallace se centraba más en el entorno y en cómo las especies debían adaptarse a su zona local y diferenciarse del resto. Puede que esta distinción no parezca significativa, pero en parte llevó a Wallace a discrepar de Darwin en lo referente a la evolución humana. Wallace veía la evolución humana en términos de etapas: primero, el bipedalismo, y luego, *"...el reconocimiento del cerebro humano como un factor totalmente nuevo en la historia de la vida"*. Entre los evolucionistas de su época, Wallace fue el primero en notar que la evolución del cerebro humano hacía redundante la evolución del resto del cuerpo. Sus ideas sobre cómo evolucionaron las sociedades y culturas humanas estaban bastante avanzadas, a diferencia de las de Darwin, quien apenas había considerado ese tema.

Lamentablemente para Wallace, el hecho de que fuera espiritista jugó en contra de la aceptación científica de sus teorías. Pero creo que tenía razón al considerar el desarrollo de la consciencia humana como un fenómeno separado de la selección natural. La consciencia humana —según él— no podía tener únicamente causas físicas, es decir, no había sido producto exclusivo de la evolución.

LENGUAJE Y CULTURA

WHORF

– DE CÓMO EL LENGUAJE INFLUYE SOBRE EL PENSAMIENTO

"Parece algo claro y evidente en sí mismo, pero es necesario decirlo: el conocimiento aislado obtenido por un grupo de especialistas en un campo limitado no tiene en ningún valor de por sí, sino solo en su síntesis con el resto del conocimiento y solo en la medida en que realmente contribuya en esa síntesis en su respuesta a la pregunta: '¿Quiénes somos?'."

Ciencia y Humanismo —

Erwin Schrödinger

Los individuos humanos se comunican por medio de un lenguaje mutuamente inteligible. Eso significa que, para comunicar nociones complejas, los interlocutores deben usar el mismo idioma y, en gran medida, comprender la cultura de esa comunidad lingüística.

Para hablar cualquier idioma con cierto grado de fluidez, hay que entender su cultura. Ese es un hecho importante e inevitable.

A veces oímos que algún concepto se ha "perdido en la traducción". Eso ocurre porque el traductor o intérprete no comprendió el significado oculto de unas pocas palabras que aparecieron fuera de contexto.

Los modismos y los refranes son buenos ejemplos de cómo el conocimiento de la cultura es esencial para comprender el significado. Son casos en los que el uso ha mantenido ciertos términos que pueden haberse vuelto incomprensibles para un oído extranjero. El otro día le decía a mi esposa en castellano que teníamos que hacer algo "por si acaso...", dije: "No sea cosa que...". La traducción literal al inglés de esa frase es: *"Not be thing that..."*, lo cual no tiene sentido para un angloparlante, ni para un hablante de otra lengua que no sea el español. Podría haberlo empeorado. Podría haber usado una frase más común en España que en otros países hispanohablantes: "Por si las moscas...", que literalmente significa: *"For if the flies..."*. Lo mismo ocurre cuando se traduce literalmente un modismo inglés como *"To be under the weather"* a cualquier otro idioma. Pierde todo sentido.

En Australia, un juez una vez me pidió que repitiera lo que decía el acusado "palabra por palabra". Le expliqué que si lo hacía así, no entendería. Insistió: "literalmente", dijo. Repetí palabra por palabra algo que el juez no pudo entender. Luego se lo expliqué en inglés. Sonaba completamente diferente. El juez entendió. Entendió ambos mensajes: lo que decía el acusado y el hecho de que los idiomas no se interpretan ni se traducen literalmente.

¿Recuerdas la película *"Baila con lobos"*? Ese era el nombre que los sioux habían dado al protagonista. A un hablante nativo de castellano nunca se le habría ocurrido un nombre así. Es una oración (es decir, incluye un verbo). Suena extraño. El castellano tiene una predominancia de sustantivos (es un idioma más estático), mientras que las lenguas indígenas de América, como el arapaho, colocan el énfasis en los verbos (son más dinámicas que sus contrapartes europeas). La palabra para "cemento" en arapaho es aproximadamente "se ha endurecido", y el término para "silla" es "el lugar donde te sientas". En estos dos casos, el idioma enfatiza la función más que la característica. En lugar de una cualidad estática del objeto, es algo que sucede. Esas diferencias impregnan los idiomas y moldean la manera en que un hablante ve el mundo.

Todos los ejemplos anteriores sobre la influencia de la cultura sobre el lenguaje pueden parecer anecdóticos, pero apuntan a un hecho subyacente: existe un circuito de retroalimentación entre el lenguaje y la cultura. Y ambos influyen en los procesos de pensamiento del hablante de un idioma determinado. El capítulo siguiente, que trata fundamentalmente sobre cómo Averroes malinterpretó a Aristóteles, proporciona un ejemplo claro del abismo entre ciertas culturas. Hay términos que resultan incomprensibles para hablantes de otros idiomas, y eso se debe a que las instituciones que existen en una cultura pueden no existir en la otra.

En la década de 1930, Benjamin Lee Whorf, estudiante de lingüística de la Universidad de Yale bajo la tutela de Edward Sapir, trabajaba en una gramática del idioma hopi, cuando hizo algunos descubrimientos interesantes. Los verbos hopi no tienen tiempos verbales, solo aspectos. Lo que ocurre es que, en hopi, el tiempo y el espacio reciben un tratamiento distinto al que le dan otros idiomas, y esos tratamientos no son fácilmente comprensibles para quienes no hablan hopi. Lo que Whorf descubrió fue que los hablantes de hopi no parecían tener un concepto de tiempo, o —si lo tenían— era uno *sui generis*. Eso implicaba que sus procesos de pensamiento diferían de los de los hablantes de otros idiomas y —dada la estrecha relación entre lenguaje y pensamiento— que probablemente el idioma hopi influyera en sus procesos mentales.

Whorf concluyó que el lenguaje influye sobre el pensamiento. La conclusión que puede extraerse es que el lenguaje no es universal. Otra forma de verlo es que el lenguaje y la cultura no son naturales, sino artificiales. Son construcciones humanas.

Existen muchos ejemplos de palabras que los traductores e intérpretes necesitan explicar. Ya vimos que el idioma hopi no tiene una palabra para "tiempo", y que sus verbos carecen de tiempos. El pirahã, entre muchos otros idiomas, no tiene números. ¿Cómo explicar la función de un reloj de pulsera en hopi, o que necesitamos dividir equitativamente los peces que hemos pescado a un hablante de pirahã? Tenemos cuarenta y nueve peces. Necesitamos veinticuatro y medio cada uno. Es casi imposible sin mostrarles físicamente qué hacer.

Como mencioné antes, en vista de las características inusuales del hopi, Whorf formuló una hipótesis que más tarde sería conocida como la *hipótesis de Sapir-Whorf*, o *hipótesis whorfiana*, o *Relatividad Lingüística*: un idioma determinado condiciona los procesos de pensamiento del hablante de ese idioma. No voy a entrar en los detalles de cómo se desarrolló esa hipótesis. La historia es bien conocida. Basta decir que la idea de Whorf fue influida por Sapir y que la cadena va de Sapir a Boas, y de Boas, finalmente, a Humboldt.

Muchos lingüistas no están de acuerdo con la Relatividad Lingüística. Recientemente, investigadores probaron distintas versiones de la hipótesis en el campo de la neurociencia, centrados en el lenguaje y la comunicación humana. Acabaron identificando una "red lingüística universal" en el cerebro. Afirman que existe una estructura neuronal genéticamente predeterminada. A pesar de las enormes diferencias entre los idiomas, los sujetos de los experimentos demostraron que las propiedades clave en la red lingüística de sus cerebros eran consistentes entre sí. Eso no refutaría realmente la Relatividad Lingüística.

Antropólogos y lingüistas de campo siguen encontrando diferencias culturales que afectan la forma en que los hablantes de ciertos idiomas perciben el mundo; es decir, que el idioma influye sus procesos mentales.

∼

El profesor Shigeru Miyagawa y otros investigadores llevaron a cabo un estudio durante los últimos dieciocho años en el MIT. El objetivo del estudio era determinar cuándo se habían separado por primera vez las poblaciones humanas. Se determinó que la primera división clara entre grupos humanos tuvo lugar hace aproximadamente 135.000 años. Como todas las culturas humanas poseen lenguaje, y los lenguajes presentan similitudes, se dedujo que la capacidad para el lenguaje preexistía a dicha separación. Los investigadores creen que el estudio confirmó que el lenguaje humano es de origen monogenético y, por tanto, universal.

Hay dos problemas con esa conclusión: 1) la evolución del lenguaje no ocurrió de la noche a la mañana. Tomó decenas de miles de años, por lo que sería imposible determinar el momento exacto en el que el lenguaje evolucionó hasta incluir una sintaxis compleja, que es un requisito para la comunicación humana; 2) el grupo del cual se separó el resto de la población hablaba idiomas joisán (Khoisan); todos los idiomas joisán son idiomas con clics, lo que significa que algunas de sus consonantes no son comunes a la mayoría de los demás idiomas. Se puede establecer una clara taxonomía entre los dos grandes grupos lingüísticos: joisán y el resto. De hecho, de los seis mil idiomas existentes, aproximadamente treinta tienen consonantes de clic, la mayoría de ellos en el sur de África. Aparte de los que están en los idiomas joisán originales, los clics podrían haberse propagado por contacto lingüístico con ese grupo originario. Solo hay una excepción que confirma la regla: el damin, un lenguaje ritual hablado por el pueblo lardil de la isla Mornington, en Australia.

Anteriormente mencioné otro estudio realizado por el Dr. Andrey Vyshedskiy, de la Universidad de Boston, sobre las etapas que incluye la comprensión del lenguaje. El Dr. Vyshedskiy asegura que el concepto de "tiempo" está codificado en la corteza parietal, y que la comprensión del tiempo evolucionó hace unos 70.000 años. El tiempo es un concepto integral de la cognición humana, que exige la existencia del lenguaje. Pero hay una gran brecha entre ese período y el que establece el estudio del MIT para la existencia del lenguaje (135.000 años). ¿Pudo la humanidad haber tardado 65.000 años en comprender el tiempo? Es poco probable.

Pero lo que un idioma haya tardado en desarrollarse no parece afectar la forma en que operan las regiones cerebrales responsables del procesamiento lingüístico. Otro estudio del MIT quiso determinar si los lenguajes "naturales" se procesaban de manera diferente a los lenguajes "construidos", como el esperanto o el klingon. El resultado fue que estos últimos activaban las mismas redes neuronales que los lenguajes "naturales". Aparentemente, el estudio también incluyó algunos lenguajes de programación, los cuales no superaron la prueba. Nada de esto debería haber sido una sorpresa. La programación informática no debe considerarse un idioma. Es básicamente una serie de algoritmos expresados matemáticamente que no tienen relación con la realidad. Los idiomas transmiten información y significado sobre la realidad.

Lo interesante de este estudio fue que el cerebro humano trató tanto a los lenguajes "naturales" como a los "construidos" de la misma manera. La razón es que ambos son artificiales. No existen los lenguajes "naturales" en el sentido de que el lenguaje no es realmente biológico. Incluso el primer lenguaje fue ideado por seres humanos. Supongo que también influye la definición de "artificial". Yo considero que todo lo que es creado por el ser humano es artificial. Los lenguajes han dado lugar a culturas y han influido en el pensamiento desde los albores de la humanidad.

ARISTÓTELES, AVERROES Y BORGES

– LA HISTORIA DE UN ERROR

*C*orría el año 1947. Jorge Luis Borges se había mudado con su madre, doña Leonor, a un departamentito de dos habitaciones en la calle Maipú, muy cerca de la Plaza San Martín, en el corazón de Buenos Aires. El departamento también tenía una habitación de servicio junto a la cocina, que fue ocupada de inmediato por la nueva empleada doméstica, Fanny. La situación no era atípica ni extraña en esa época en Argentina. Un hombre soltero de cuarenta y ocho años viviendo con su madre y una empleada en un pequeño departamento.

Los meses anteriores no habían sido fáciles para Borges. Estela Canto—su novia—lo había dejado de forma poco ceremoniosa. El gobierno populista recién electo de Juan Perón había dado por terminado su empleo en una biblioteca suburbana. Para colmo, burócratas municipales lo habían designado inspector de aves de corral y conejos, sabiendo muy bien que él era una figura literaria de importancia en la Argentina.

Los meses posteriores a la ruptura con Estela, Borges había seguido escribiendo lo habitual. En los meses previos, había dedicado a Estela "El Aleph", su cuento más famoso. También había escrito algunos relatos breves que luego serían incluidos en el libro homónimo. El más importante de ellos, sin duda, fue la narración que nos ocupa ahora: "La busca de Averroes".

Este cuento es importante por varias razones. Los escritos de Borges siempre son profundos, fascinantes, sorprendentes, a menudo históricos, a veces filosóficos. Este texto permite diversas lecturas y se desarrolla en diferentes niveles. Puede leerse como un curioso relato ambientado en la Córdoba del siglo XII, centro cultural de Al-Andalús. Algunos interpretan la historia como una defensa de la Relatividad Lingüística—es decir, la idea de que el lenguaje y la cultura influyen en nuestra forma de pensar. Coincido. Analizando la narrativa, la idea está bien fundada y es fácilmente comprobable. Averroes es prisionero de su cultura. Pero hay otros detalles importantes que vale la pena mencionar.

Ibn Rushd, conocido como Averroes, fue el filósofo y comentarista más célebre de la obra de Aristóteles en el mundo árabe; sus escritos—ubicados en España—reintrodujeron a Aristóteles en Occidente. El pensamiento de la Grecia clásica había sido olvidado durante la Edad Media, y Aristóteles era entonces casi desconocido.

Basado en un hallazgo de Renan sobre un error en uno de los tratados de Averroes, el *Tahafut-ul-Tahafut*, este cuento cubre unas pocas horas en la vida del filósofo.

Según Borges, ese día Averroes está frustrado porque dos palabras aparecen repetidamente en la *Poética* de Aristóteles: son τραγῳδία *(tragedia)* y κωμῳδία *(comedia)*. Averroes no puede entender qué quiere decir Aristóteles con ninguna de las dos.

Averroes mira por la ventana. Unos niños están jugando. Imitan las acciones de los adultos—como suelen hacer los niños. Uno finge ser el minarete, otro el muecín, y un tercero representa a los fieles. El muecín, de pie sobre los hombros del minarete, canta *"Allah il Allah"*. El fiel se inclina, apoyando la cabeza en el suelo. Los niños se turnan mientras repiten el juego, pero todos quieren ser el muecín. Averroes —todavía pensando en su dilema—vuelve a sus libros, ignorando sus "llamados a la oración". Tiene que asistir a una cena en casa de Farach. Además de amigo, Farach es un erudito del Corán. Uno de los invitados es Abulcásim Al Ashari, un célebre viajero, una especie de Marco Polo árabe. Abulcásim ha estado en muchos lugares remotos, incluida la China.

Durante la cena, alguien comenta la belleza de las rosas. Abulcásim dice estar convencido de que las rosas andalusíes son las mejores del mundo. Con un toque de humildad, el anfitrión responde que —según el sabio Ibn Qutaiba—, en la India existen rosas cuyos pétalos llevan inscrito *"Allah il Allah, Muhammad Rassul Allah"* (Alá es Dios y Mahoma es su Profeta); seguramente, Abulcasim las ha visto. En una posición comprometida, Abulcasim no contesta. Murmura que el Señor tiene la clave de todas las cosas ocultas.

La autoridad de Averroes salva el momento: es más fácil creer que el sabio Ibn Qutaiba se había equivocado antes que aceptar la existencia de rosas con la profesión de la fe musulmana escrita en sus pétalos. Alguien alega que existen árboles cuyos frutos parecen loros. Averroes responde que eso sería más posible: tanto los pájaros como los árboles son parte de la naturaleza, mientras que la escritura es un arte. Otro invitado responde indignado que el Corán, la "Madre de todos los Libros", es anterior a la Creación y se guarda en el Cielo. Averroes podría responder, pero permanece en silencio.

Cambiando de tema, un invitado le pide a Abulcásim que cuente alguna maravilla que haya presenciado en sus viajes. Abulcásim recuerda algo que había ocurrido mientras estaba en Sin Kalan (Cantón). Unos comerciantes árabes lo habían llevado a una casa, que en realidad era un gran salón lleno de personas que comían y bebían. También había gente en una tarima; algunos tocaban tambores y un laúd. Los que estaban en la tarima rezaban, cantaban y hablaban. Los aprisionaban, pero la prisión no estaba allí. Montaban a caballo, pero los caballos no se podían ver. Luchaban y morían, y luego estaban vivos otra vez.

Los comensales no pueden entender cómo eso era posible. Farach conjetura que estaban locos.

Abulcásim responde que uno de los comerciantes le aseguró que no estaban locos, que estaban contando una historia.

Farach dice algo que les parecía obvio a todos los presentes: para contar una historia no se necesita tanta gente. Basta con un orador.

La conversación gira entonces hacia la poesía. Averroes habla de la lírica árabe y afirma con convicción que el tiempo amplía el alcance de cualquier verso, y que lo mismo sucede con la música. Luego habla de los primeros poetas, los de la Época de la Ignorancia, antes del Islam. Toda la poesía les pertenece a ellos y al Corán, dice. No hay lugar para la innovación. Los otros invitados se muestran complacidos.

Borges termina el cuento el momento en que Averroes escribe las definiciones equivocadas: *"Aristu (Aristóteles) da el nombre de tragedia a los panegíricos y el de comedia a las sátiras y los anatemas".* De repente, Averroes desaparece. Borges ha dejado de pensar en él.

Borges agrega entonces, a modo de epílogo:

"En la historia anterior quise narrar el proceso de una derrota... Reflexioné, después, que más poético es el caso de un hombre que se propone un fin que no está vedado a los otros, pero sí a él. Recordé a Averroes, que encerrado en el ámbito del Islam, nunca pudo saber el significado de las voces 'tragedia' y 'comedia'."

El resumen que he intentado aquí tal vez no sea un sustituto adecuado. El cuento es puro Borges— magistralmente escrito y digno de leerse en su totalidad.

Hay varios niveles en esta historia. El primero y más evidente es el que ya he mencionado: el lenguaje influye en la manera en que el hablante concibe la realidad. El cuento parece confirmarlo. Averroes, inmerso en un lenguaje y una cultura, no puede comprender términos ajenos al islam que no tienen equivalente en árabe. No existían palabras para tragedia o comedia en árabe porque esas instituciones eran desconocidas en el mundo musulmán.

Averroes, que era un universalista, desarrolló una teoría llamada "la Unidad del Intelecto", según la cual todos los seres humanos comparten la misma mente. Con este relato, Borges demuestra de forma patente que la realidad humana no tiene nada que ver con conceptos universales.

La obra en la que trabajaba Averroes era la *Poética* de Aristóteles. Recordemos que, según Aristóteles, la naturaleza de la poesía (que en su época e interpretación incluía el teatro) difiere de la filosofía en que la poesía no requiere explicación: imita la realidad e incluye las emociones, mientras que la filosofía solo se ocupa de las ideas: *"... no hay término común que podamos aplicar a Sófron, a Xenarco y a los diálogos socráticos..."*. Y cuando un filósofo escribe usando poesía, Aristóteles mantiene la distinción: *"... y sin embargo, Homero y Empédocles no tienen nada en común salvo la métrica..."*.

Aristóteles parece dividir la consciencia siguiendo las mismas líneas que dividen la sintiencia de la cognición, es decir, una consciencia humana híbrida y estratificada. La poesía recurre a significados inusuales que añaden sentimiento a los términos. El drama contiene visión y sonido, e incluye música. El drama apela a los sentidos y explica cómo la demostración es más fácil de seguir que la explicación. Aristóteles entiende que tanto la poesía como el drama se sitúan allí donde la consciencia se superpone a la experiencia sensorial y a la comprensión intelectual.

La manera en que Aristóteles trata el concepto de poesía también arroja luz sobre el nacimiento del drama. En la

Poética, los dramaturgos y los poetas no pertenecen a categorías separadas. Todos son poetas, de algún modo. Parece haber habido una progresión. Los poemas épicos debieron de ser contados y cantados hasta que los gestos crecieron y se convirtieron en drama.

La historia, sin embargo, tiene otras lecturas posibles. Averroes no comprendió que los niños afuera de su balcón, a través de su juego, en realidad estaban imitando una historia —estaban mostrando algo directamente a los sentidos—y perdió su segunda oportunidad durante la cena en casa de Farach.

Los niños aprenden por imitación, o *mímesis* (μίμησις, en griego). Imitan el comportamiento de los adultos. La mímesis es innata en todos los mamíferos. Sin embargo, cuando los niños adquieren el lenguaje, ocurre el proceso contrario: la imitación es reemplazada gradualmente por algo artificial, la explicación. Se superpone una capa de cognición sobre la sintiencia. Ese proceso nos convierte en una especie altricial, en la cual las crías requieren una crianza prolongada.

De forma exquisita, Borges añade otra maravilla al relato musulmán. Alguien dice que existen rosas con caligrafía en sus pétalos. Averroes niega que tales rosas puedan existir. Su lógica es impecable: las rosas son naturales, mientras que la escritura es un artificio. Ante la idea de loros que crecen en los árboles, Averroes acepta ese fenómeno como más verosímil. Los loros y los árboles forman parte de la naturaleza. La escritura no. En la mente de Averroes existe una distinción clara entre lo natural y lo artificial. Los humanos están acostumbrados a la coexistencia entre sintiencia y cognición, pero el milagro de una rosa con letras es inadmisible: es imposible y anacrónico.

Unas décadas después, Umberto Eco, lector voraz y admirador de Borges, y alguien que evidentemente había leído *La busca de Averroes* y la *Poética*, idearía *El nombre de la rosa*, un thriller medieval que muestra cómo Aristóteles también puede ser malinterpretado desde una perspectiva cristiana. En esta ocasión, Jorge de Burgos, un abad ciego, oculta la *Poética* en la biblioteca de un monasterio, que también es un laberinto (nombre y lugar, homenajes evidentes a Borges). El viejo monje fanático no quiere que la gente lea el libro porque, según argumenta, "*...qui si ribalta la funzione del riso, lo si eleva ad arte, gli si aprono le porte del mondo dei dotti, se ne fa oggetto di filosofia, di perfida teologia...*" (... aquí se invierte la función de la risa, se la eleva a arte, se le abren las puertas del mundo de los sabios, se la convierte en objeto de la filosofía y de una teología pérfida...).

BASANDO su cuento en un par de anécdotas, Borges explica un error en la obra de Averroes estableciendo que, en los tiempos del filósofo, el teatro era completamente desconocido—e incomprensible—en el mundo musulmán. Eco crea otro malentendido en torno a la obra de Aristóteles, esta vez desde el ángulo del fanatismo cristiano, y confundiendo erróneamente la comedia únicamente con la risa.

Cabe agregar que la poesía y el drama emplean una cantidad limitada de lenguaje para *mostrar* algo. Al igual que las artes visuales o la música, ambos expresan emoción. Toda explicación intelectual del arte es superflua. El arte y la explicación tienen naturalezas diferentes. Apelan a capas distintas de la consciencia humana.

TIEMPO

BORGES, OTRA VEZ

– EL TIEMPO Y OTRAS IDEAS

"Tu materia es el tiempo, el tiempo incesante. Eres cada solitario instante."

– JLB

"Todo lenguaje es de índole sucesiva, no es hábil para razonar lo eterno, lo intemporal."

– JLB

La manera en que percibimos el espacio es a través de la visión, de los ojos. También lo medimos visualmente. Con el tiempo, en cambio, ocurre algo totalmente distinto. Aunque la medición del tiempo puede ser visual, la percepción que tenemos de él es exclusivamente cognitiva. En la segunda cita de más arriba, Borges reflexiona sobre el lenguaje y la eternidad. El lenguaje es incapaz de tratar con la eternidad, con lo intemporal, porque lleva el tiempo incorporado (obviamente aquí Borges no está considerando al hopi). Sabemos que el tiempo existe, al menos para los humanos, porque parece formar parte de la memoria episódica (el pasado) y de la expectativa (el futuro).

Lo único que ocurre en la realidad es el cambio. El tiempo, que Aristóteles definió como *"la medida del cambio"*, es sin duda una construcción humana. Los animales viven en un presente constante; no tienen tiempo, ni expectativas, ni remordimientos. Algunas especies parecen tener cierto grado de memoria, pero no memoria episódica de largo plazo. Por supuesto, no pueden planificar estrategias ni temen a la muerte como algo inevitable. La finitud de la vida también reside en la cognición.

Podemos ver cómo cambian las cosas, cómo crece un ser, cómo crece un árbol, cómo se marchita una flor o cómo envejecemos, pero esos cambios son casi imperceptibles a los sentidos. La temporalidad vive dentro de nosotros, en la capa cognitiva de nuestra consciencia.

LAS INNOVACIONES importantes suelen implicar la consideración de ideas fuera de los marcos o cánones establecidos; requieren pensar de manera divergente. Ya vimos cómo Newton dedicó sus primeros años a la alquimia, como muchos pensadores de su tiempo, hasta que descubrió algo que nadie había concebido: comenzó a aplicar lo que hoy llamamos una disciplina científica a sus hallazgos. También lo hizo Descartes con su *Discurso del método*.

Muchos pensadores occidentales coincidieron con sus contrapartidas orientales y pudieron ver que el tiempo no es más que una ilusión humana que reside en la cognición. En 1818, Arthur Schopenhauer comprendió que el presente es la única realidad: *"Por encima de todo, debemos reconocer claramente que la forma del fenómeno de la voluntad, la forma de la vida o de la realidad, es realmente solo el presente, no el futuro ni el pasado. Estos últimos solo existen en la concepción, <u>existen únicamente en la conexión del conocimiento, en la medida en que sigue el principio de razón suficiente.</u> Ningún hombre ha vivido jamás en el pasado, y ninguno vivirá en el futuro; el presente es la única forma de toda vida, y es su posesión segura, que nunca le puede ser arrebatada. El presente siempre existe, junto con su contenido. Ambos permanecen fijos, sin vacilar, como el arco iris sobre la cascada." (El mundo como voluntad y representación)* * *[subrayado mío]*.

LEER A BORGES ES, entre otras cosas, observar cómo una mente lúcida se enfrenta a dos cuestiones importantes, pero sobre todo universales: la consciencia y el tiempo. Sabemos que Borges tiene otras obsesiones y que juega constantemente con ellas. Está obsesionado con los tigres, los espejos y los laberintos. Sin embargo, todos sus escritos reflejan, a veces tangencialmente, sus dos temas fundamentales que—repito—son la consciencia y el tiempo. Y lo hace desde la perspectiva de un individuo argentino y occidental, pero que nunca termina de aceptar esas limitaciones y abraza su humanidad, como Hesse y Schrödinger, aventurándose incluso a aceptar ideas orientales y experimentando con una mentalidad que ignora los límites impuestos por Aristóteles.

A veces Borges niega la realidad objetiva. Repite una y otra vez que un hombre es todos los hombres y que matar a uno es matar a la humanidad. La consciencia es una y la compartimos en el espacio y el tiempo. *"En resumen, la inmortalidad existe en la memoria de los otros y en la obra que dejamos"*, nos dice.

En *El inmortal*, Borges crea al personaje de Joseph Cartaphilus ('Amante del papel' en latín), alguien que es inmortal y recuerda haber sido, al mismo tiempo, Marco Flaminio Rufo, un centurión romano, y Homero. Cartaphilus es tres personas que, en realidad, son una sola. No es eterno, es inmortal. En un momento, el personaje nos dice: *"Ser inmortal es baladí; menos el hombre, todas las criaturas lo son, pues ignoran la muerte; lo divino, lo terrible, lo incomprensible, es saberse inmortal"*. Aquí, sin duda, nos está diciendo algo sobre la dualidad de la consciencia. La finitud viene con la cognición. Cognitivamente, la inmortalidad es incomprensible.

En casi todos sus ensayos y cuentos, desde *Historia de la eternidad*, hasta *Funes el memorioso*, *El jardín de senderos que se bifurcan* o *La escritura del Dios*, Borges se ocupa de la existencia o no existencia del tiempo y todas sus posibilidades.

Historia de la eternidad nos muestra el lado religioso de alguien que dice ser agnóstico: *"El universo requiere la eternidad. "Los teólogos no ignoran que si la atención del Señor se desviara un solo segundo de mi derecha mano que escribe, ésta recaería en la nada, como si la fulminara un fuego sin luz.*

Por eso afirman que la conservación de este mundo es una perpetua creación y que los verbos conservar y crear, tan enemistados aquí, son sinónimos en el Cielo". Como Schrödinger, la visión de Borges sobre la vida y la entropía es clara.

Si queremos aprender cuáles son sus ideas sobre el tiempo, basta con leer su *Nueva refutación del tiempo*. En ese ensayo, Borges comienza haciéndonos ver que el título contradice lo que él mismo pone en el texto: que la continuidad del tiempo es una ilusión. El tiempo no contiene una sucesión. Cada instante es eternidad, lo cual niega la mera inclusión de la palabra *"Nueva"* en el título. Aquí, como veremos, Borges coincide con Rovelli, el físico, y con los expertos en mecánica cuántica. En otros escritos, menciona con frecuencia la eternidad, por ejemplo, cuando dice: *"[La eternidad]... los teólogos la definieron como la simultánea y lúcida posesión de todos los instantes pasados y venideros, y la juzgaron uno de los atributos de Dios".* Otras veces alude a cosas como la duración del infierno, pero esas ocasiones son casi siempre un homenaje a Dante, o quizá a Swedenborg.

Con su razonamiento, helado y siempre clarísimo, Borges nos habla de su búsqueda, en la que mezcla el idealismo de Berkeley con las ideas de Hume. Este último rechaza la identidad. Dice que cada hombre es una colección de percepciones que ocurren una tras otra con una rapidez inconcebible. Ambos creen en la existencia del tiempo: para Berkeley es una sucesión de ideas; Hume dice que es una secuencia de momentos indivisibles. Borges coquetea con ambas perspectivas, toma partido de manera decisiva y, al hacerlo, propone algo nuevo: *"He acumulado transcripciones de los apologistas del idealismo, he prodigado sus pasajes canónicos, he sido iterativo y explícito, he censurado a Schopenhauer (no sin ingratitud), para que mi lector entrara en ese inestable mundo mental. Un mundo de impresiones evanescentes; un mundo sin materia ni espíritu, ni objetivo ni subjetivo; un mundo sin la arquitectura ideal del espacio; un mundo hecho de tiempo, del tiempo uniforme y absoluto de los Principia; un laberinto infatigable, un caos, un sueño. A esa casi perfecta disgregación llegó David Hume".*

La erudición inimitable de Borges nos devuelve a la idea del yo, que la filosofía oriental y el budismo ya habían encontrado ilusoria hace miles de años. Eso, nos dice, sólo rechaza la noción del tiempo que creemos conocer. Nos habla de las paradojas de Zenón, que se oponen al pluralismo y al cambio, y sostienen que el movimiento no es más que una ilusión. Hay verdades que parecen negar lo que a nuestros sentidos les resulta evidente.

Berkeley, por su parte (*Principios del conocimiento humano*), rechaza las cualidades primarias—la solidez y la extensión de las cosas—y el espacio absoluto. Borges sugiere que si rechazamos la existencia de la materia y del espíritu, y negamos también el espacio, no tenemos derecho a conservar el tiempo como continuidad. El tiempo, entonces, no existe fuera del ahora. Pero, en ese ahora, el tiempo lo es todo.

Una vez que admite el idealismo, Borges va mucho más allá: explica la naturaleza dinámica de nuestra identidad, diciéndonos: "*... no hay detrás de las caras un yo secreto, que gobierna los actos y que recibe las impresiones; somos únicamente la serie de esos actos imaginarios y de esas impresiones errantes*". Ésa es la aceptación de la pura sintiencia. En el momento en que negamos el yo y aceptamos sólo el cambio, estamos saliendo de la idea occidental de la cognición y de la realidad objetiva.

La nueva refutación continúa con una disquisición sobre la consciencia colectiva y la unidad de la humanidad: *"... si no hay pluralidad, el que aniquilara a todos los hombres no sería más culpable que el primitivo y solitario Caín, lo cual es ortodoxo, ni más universal en la destrucción, lo que puede ser mágico"*. No hay una multitud de dolores, hay un solo dolor. Quien mata a un hombre, mata a todos. La percepción de lo real es algo que compartimos sin que sea objetiva. Todos lo percibimos todo. Más aún, está diciendo que, en realidad, somos iteraciones del *H. sapiens*.

En sus escritos, Borges amplía sobre la granularidad, la misma que existe en la mecánica cuántica: según Anaxágoras, nos dice, el oro se compone de partículas de oro, y según Josiah Royce, todo presente es una sucesión, y nos indica que nuestro lenguaje no es apto para explicar la intemporalidad o la eternidad. La inadecuación del lenguaje para expresar ciertas cosas es puro Wittgenstein. El tiempo, sin embargo, existe dentro de la cognición. Lo inefable es la intemporalidad o la eternidad.

Intentar describir *La nueva refutación...*, analizar el ensayo, es un ejercicio en futilidad. Hay que ceñirse a la obra. Lectura recomendada. Es puro lujo.

Borges—que define su obra como *"el débil artificio de un argentino perdido en la metafísica"*—sólo puede concluir toda su especulación con una mezcla de verdad y poesía: *"And yet, and yet... Negar la sucesión temporal, negar el yo, negar el universo astronómico, son desesperaciones aparentes y consuelos secretos. Nuestro destino (a diferencia del infierno de*

Swedenborg y del infierno de la mitología tibetana) no es espantoso por irreal; es espantoso porque es irreversible y de hierro. El tiempo es la sustancia de que estoy hecho. El tiempo es un río que me arrebata, pero yo soy el río; es un tigre que me destroza, pero yo soy el tigre; es un fuego que me consume, pero yo soy el fuego. El mundo, desgraciadamente, es real; yo, desgraciadamente, soy Borges.".

El autor, que no discute directamente en sus escritos la posibilidad de una consciencia de dos capas, ni menciona jamás el tiempo como un fenómeno ligado a la cognición, nos deja esta clara pista de que habría estado de acuerdo con esos criterios: *"Pero ni siquiera tenemos la seguridad de nuestra pobreza, puesto que el tiempo, fácilmente refutable en lo sensitivo, no lo es también por el entendimiento, de cuya esencia parece inseparable el concepto de sucesión".*

SCHRÖDINGER, OTRA VEZ

– EL TIEMPO SEGÚN LOS CIENTÍFICOS

"Si el tiempo es un proceso mental, ¿cómo pueden compartirlo millares de hombres, o aun dos hombres distintos?" ... *"Ninguna de las varias eternidades que los hombres planearon —la del nominalismo, la de Ireneo, la de Platón— es una agregación mecánica del pasado, del presente y del porvenir. Es una cosa más sencilla y más mágica: es la simultaneidad de esos tiempos."* ... *"El pasado está en su presente, como así también el porvenir."* ... *"Nada transcurre en ese mundo, en el que persisten todas las cosas, quietas en la felicidad de su condición."*

Nueva refutación del tiempo –

Jorge Luis Borges

Las leyes de la física son claras: si algo se puede medir, cuantificar, definir matemáticamente, si es una cantidad observable de la que dependen otras variables observables, ese algo existe.

Para que algo sea real, debe cumplir con todos esos criterios. En física, si algo no es posible, se dice que es una "patología". ¿Y si el tiempo fuera patológico? ¿Y si fuera imposible? Bueno, cumple todas las condiciones anteriores para ser posible. Entonces, tendría que ser real. El problema es que las respuestas a todas esas preguntas son relativas. Einstein demostró que el tiempo es real, aunque no parezca serlo de forma objetiva. ¿Cómo es eso posible? Según la teoría de la relatividad, el tiempo no es patológico, es solo relativo. Así, la idea de que el tiempo es relativo no prueba que el tiempo no exista. El cambio existe como una experiencia subjetiva, y el tiempo, que lo mide, se produce y comunica cognitivamente. Es solo humano. El cambio se percibe intuitivamente, subjetivamente. Cuando llevamos cuenta del tiempo, las cifras nos dan una aproximación 'objetiva' de cuánto cambio ha habido.

Existen diferencias entre la teoría de la relatividad de Einstein y los descubrimientos más recientes de la física sobre las propiedades cuánticas del espacio y el tiempo. El consenso actual parece ser que la parte temporal de la teoría de la relatividad desaparece el momento en que se considera la perspectiva cuántica, es decir, el tiempo desaparece el momento en que se observa el mundo a un nivel diminuto.

¿Qué ha descubierto la mecánica cuántica respecto al tiempo? Pues bien, tres características fundamentales: su granularidad, su indeterminación, y su relación con otras variables físicas. El problema es que existe una escala, llamada la "escala de Planck", que mide la variación más pequeña posible del tiempo dentro del campo gravitatorio. La unidad más pequeña para medir el tiempo se llama "tiempo de Planck". Es de $[5.319124 \text{ x}]10^{-44}$ segundos. Es decir, una cienmillonésima de un billón, de un billón de segundos. El tiempo de Planck, entonces, no puede medirse. Ningún reloj actual puede hacerlo. Como se mencionó antes, según la física, si algo no puede medirse, pierde una de las condiciones necesarias para su existencia. Entonces, ¿el tiempo no existe? Bueno, al parecer, existe hasta cierto punto.

Carlo Rovelli, el eminente físico italiano, escribe en su libro *"L'ordine del tempo"* que la granularidad es una característica universal:

"Quizás los ríos de tinta que se han derramado durante siglos hablando sobre la naturaleza de lo 'continuo', desde Aristóteles hasta Heidegger, han sido un desperdicio. La continuidad es solo una técnica matemática para aproximar cosas de una finísima granularidad. El mundo está dividido de manera sutil, no es continuo. El buen Dios no diseñó el mundo con líneas continuas: lo hizo con mano ligera, lo bosquejó con puntos, como un cuadro de Georges Seurat."

Aunque uno no esté de acuerdo, hay que decir que el hombre lo explica de forma brillante.

¿De dónde sacamos el concepto de tiempo? ¿Hubo un comienzo en la medición del tiempo?

Sabemos que muchas cosas cambiaron en la humanidad antes de nuestro nacimiento. Algunas fueron registradas, otras no. Algunos cambios se perdieron en la historia. Algunos se transmitieron oralmente por generaciones. Pero —y esto es muy importante— para poder explicar la realidad con todos los cambios que ocurrieron antes de nosotros; para poder explicar nuestra memoria a largo plazo, inventamos el tiempo.

Cuando decimos "tiempo inmemorial", nos referimos a un tiempo que existió antes de nuestra memoria colectiva. No tenemos evidencia de que haya existido. De hecho, no hubo tal tiempo. Todos los registros que poseemos son arqueológicos. Antes de la consciencia humana, nuestros ancestros eran como todos los demás animales. Había cambio, los individuos vivían, morían y nacían, pero sin identidad individual o grupal, nadie llevaba la cuenta de cuándo sucedían esos acontecimientos; nadie sabía quién había hecho qué. El tiempo no se medía porque nadie conocía nada más que el cambio. La información y la comunicación eran escasas. La historia, que es el registro del cambio, no existía.

El comienzo del tiempo es simultáneo al comienzo de la memoria de largo plazo. Todo lo que hubo antes de la memoria fue cambio. Cuando aún no habíamos desarrollado la cultura, cuando éramos como los demás animales, en efecto, carecíamos de tiempo.

Según estudios recientes, las primeras anotaciones —plausiblemente mnemónicas— sobre las estaciones y el parto de las presas fueron registradas en cuevas de toda Europa hace unos 40.000 años. Pero eso fue una noción registrada del tiempo. Antes de eso, se dice que comenzamos a codificar el tiempo dentro de la corteza parietal. Ninguna otra especie parece tener tiempo o comprender el concepto de tiempo.

El fenómeno de las pinturas rupestres europeas es particularmente interesante. Hasta hace muy poco, se las consideraba arte. La información que tenemos ahora sitúa esas pinturas fuera del ámbito artístico. Las figuras son iconos de animales: todos ellos son presa. Junto a cada icono hay algunos puntos o líneas y una "Y" al final. Lo que los paleoarqueólogos suponen es que esas anotaciones llevan un mensaje: el parto de este animal (icono) ocurre tantos meses lunares después de la temporada principal de caza, o algo similar. Al carecer de una forma no icónica de registrar el tipo de presa, la mejor manera era dibujar al animal. Los puntos habrían sido un sistema numérico muy primitivo, y la "Y" significaba parto.

La diferencia es significativa. El arte —que discutimos en otra parte de este libro— trata totalmente sobre percepción y sentimiento. Con un registro, uno trata de compartir información. En este caso, la información es el tiempo.

Pero veamos lo que dijo Schrödinger sobre el tiempo. Una de las contribuciones más importantes de la ciencia —según el físico— fue la *"idealización gradual del tiempo"*. Por supuesto, eso había ocurrido mucho antes de que la ciencia se constituyera como una disciplina independiente. Él se refiere al proceso mediante el cual los humanos pasaron de medir ciclos, a llevar la cuenta del tiempo, hasta llegar a un concepto ideal del tiempo. A cómo el tiempo se convirtió en parte del conocimiento humano (o, dicho de otro modo, a cómo inventamos el tiempo).

Schrödinger menciona a Platón como el primero en contemplar la posibilidad de una "existencia atemporal". Luego habla de la causalidad: *"El tiempo es la noción de 'antes y después'. ... La noción de 'antes y después' se basa en la relación de 'causa y efecto'. Sabemos, o al menos nos hemos formado la idea, de que un evento A puede causar, o al menos modificar, otro evento B, de modo que si A no ocurriera, entonces B tampoco ocurriría, al menos no en forma modificada".*

Schopenhauer utiliza otras palabras para decir lo mismo: *"Hemos visto que esa forma más simple del principio [de razón suficiente] es el tiempo. ... El pasado y el futuro ... son vacíos como un sueño, y el presente es solo la frontera indivisible y fugaz entre ellos."*

El efecto no puede preceder a la causa. Eso está bien, pero entonces Schrödinger admite que la causalidad —que es clara en el lenguaje matemático— se vuelve confusa porque *"el lenguaje cotidiano es perjudicial ya que está completamente impregnado de la noción de tiempo — no se puede usar un verbo (verbum, 'la' palabra, en alemán Zeitwort) sin usarlo en un tiempo u otro".* El hecho es que hay eventos que no son ni anteriores ni posteriores a A. *"La región del espacio-tiempo ocupada por esta clase se llama la región de 'simultaneidad potencial' ".* La simultaneidad potencial se convierte así en la liberación respecto de la causalidad.

En el ámbito de la sintiencia, el tiempo existe únicamente como cambio, pero luego la cognición humana lo explica a través de la causalidad, y luego lo mide, y en ese momento realmente se convierte en tiempo. La medición del tiempo no es una explicación del cambio, solo lo cuantifica.

Schrödinger luego discute la unidireccionalidad del tiempo. El tiempo va del pasado al futuro, no al revés. Eso está vinculado con la Segunda Ley de la Termodinámica: la entropía de los sistemas aislados que evolucionan espontáneamente no puede disminuir, ya que los sistemas aislados tienden al equilibrio termodinámico, es decir, al reposo. Sin intervención externa, lo que está caliente siempre se enfría, nunca sucede lo contrario (teoría mecánica o estadística del calor).

Según Schrödinger, esa teoría "tiene una influencia aún más fuerte sobre la filosofía del tiempo que la teoría de la relatividad. Esta última, por revolucionaria que sea, no afecta el flujo unidireccional del tiempo".

En cualquier caso, Schrödinger concluye que —puesto que el tiempo es una creación de la cognición— la teoría física sugiere que el tiempo no puede destruir la cognición. Eso se da por entendido. El tiempo es una construcción humana. Es al revés: sin consciencia humana, el tiempo dejará de existir. No existía antes de la consciencia.

FILOSOFÍA

WITTGENSTEIN

– ENTENDIDO POR POCOS

"¿Cuál es tu objetivo en la filosofía? – Mostrarle a la mosca cómo salir de la botella."

Ludwig Wittgenstein

En un capítulo anterior afirmé que Gautama evidentemente había intuido la naturaleza dual de la consciencia humana. No muchas otras personas en la historia lo hicieron. Ludwig Wittgenstein fue probablemente una de ellas. No sé hasta qué punto Wittgenstein vio la cognición como una adición artificial y meta-evolutiva a la consciencia humana. No lo expresó con esas palabras, pero sus escritos, especialmente el *Tractatus Logico-Philosophicus*, indican una comprensión profunda del asunto. La contrapartida es que muchos filósofos —notablemente su maestro y mentor, Bertrand Russell— intuyeron que estaban ante un intelecto brillante, pero fracasaron rotundamente en entender su mensaje.

Que las teorías de Wittgenstein resultaran incomprensibles para muchos queda demostrado por el hecho de que hoy en día —casi un siglo después— la ciencia y la filosofía todavía están intentando entender, explicar y medir la experiencia humana.

Wittgenstein provenía de una familia austríaca muy adinerada. Su padre, Karl Wittgenstein, fue uno de los industriales más poderosos de su tiempo. Ludwig tenía cuatro hermanos mayores y dos hermanas, todos brillantes a su manera, pero cuando él llegó a los veinte años, se hizo evidente que era un individuo más excepcionalmente dotado.

Siguiendo los pasos de su padre, comenzó a estudiar ingeniería mecánica en Berlín. En 1908, ya se estaba cursando aeronáutica en la Universidad de Mánchester. Mientras realizaba investigaciones en aerodinámica, inventó una hélice especial. Para resolver los problemas de su diseño, estudió las matemáticas relacionadas con el invento. Uno de los pioneros de la lógica matemática en ese momento era Bertrand Russell, así que Wittgenstein solicitó estudiar bajo su tutela. En un plazo de dos años, Wittgenstein ya no tenía nada que aprender sobre el tema y discutía las teorías de Russell. Pronto abandonó la ingeniería y dedicó toda su energía al estudio de la filosofía. Descubrió que todos los grandes filósofos habían cometido *"errores repugnantes"*.

Wittgenstein regresó a Viena y, al estallar la Primera Guerra Mundial, se alistó como soldado raso en el ejército austrohúngaro. Finalmente le dieron grado de oficial y fue enviado al frente italiano. Casi al terminar la guerra fue hecho prisionero por los italianos y confinado en Monte Cassino. Durante los años intermedios había estado escribiendo el *Tractatus Logico-Philosophicus*, cuyo manuscrito conservó con él mientras fue prisionero de guerra.

Wittgenstein no estaba interesado en debatir nada. Esperaba ser comprendido con claridad y por completo. De lo contrario, no veía el sentido en decir nada.

Bertrand Russell le dijo una vez que, en lugar de simplemente enunciar lo que creía era la verdad, debía presentar argumentos. Wittgenstein respondió que presentar argumentos estropeaba la belleza de la idea. El *Tractatus* está basado en ese tipo de lógica. O es claro, o no lo es. Yo creo que, en su mayor parte, no lo ha sido.

Cuando se analiza la *Introducción* de Russell al *Tractatus*, se hace evidente que éste no ha comprendido del todo lo que Wittgenstein estaba diciendo. El libro es importante —afirma— y no está equivocado, pero no puede explicar por qué:

"Me descubro incapaz de estar seguro con respecto a la validez de una teoría, simplemente por el hecho de que no puedo ver ningún punto en el que sea incorrecta. Pero haber construido

una teoría de la lógica que no sea manifiestamente errónea en ningún punto ya es haber logrado una obra de extraordinaria dificultad e importancia". Conociendo personalmente a Wittgenstein, comprendiendo su genio, pero incapaz —o quizás poco dispuesto— a admitir que no lo había entendido, Russell declaró: *"Hay ciertos aspectos en los que, según me parece, la teoría del Sr. Wittgenstein necesita un mayor desarrollo técnico".* [¡Por favor, Ludwig, explica lo que estás diciendo!]

Russell fue venerado como uno de los lógicos y pensadores más importantes de su tiempo (y en cierto grado, aún lo es). Admitir que no había entendido lo que probablemente sea la teoría definitiva dentro de su disciplina fue algo valeroso y a la vez patético. Fue el primero en no entenderlo, pero no sería el último. Ha pasado más de un siglo y es bastante evidente que Wittgenstein sigue siendo incomprendido e ignorado por la mayoría de los filósofos, lógicos y científicos.

Wittgenstein dejó bien claro que eso le importaba poco. Escribió para sus pares:

"Posiblemente solo entienda este libro quien ya haya pensado alguna vez por sí mismo los pensamientos que en él se expresan, o pensamientos parecidos."

Afirmó célebremente que tratar de explicar la sintiencia era un ejercicio inútil. No hay otra manera de entenderlo: *"El significado completo [de este libro] podría resumirse de la siguiente forma: de lo que se puede hablar, se puede hablar claramente; y de lo que no se puede hablar, es mejor callarse".*

El filósofo afirma claramente que la idea del tiempo es una construcción humana:

"6.3611 – No podemos comparar ningún proceso con el 'paso del tiempo' —no existe tal cosa— sino solo con otro proceso (por ejemplo, con el movimiento de un cronómetro). Por tanto, la descripción de la secuencia temporal de los acontecimientos solo es posible si nos apoyamos en otro proceso." En este caso, el movimiento del cronómetro es un producto de la cognición. El tiempo solo puede entenderse en términos humanos. No hay otra forma.

Pero va aún más lejos y rechaza también la causalidad:

"6.36311 – Que el sol saldrá mañana es una hipótesis; y eso significa que no 'sabemos' si saldrá. 6.37 – No existe una necesidad de que algo ocurra porque otra cosa haya ocurrido. Solo existe la necesidad 'lógica'. 6.371 – La base de toda la visión moderna del mundo reside en la ilusión de que las llamadas leyes de la naturaleza son las explicaciones de los fenómenos naturales."

Evidentemente, "leyes de la naturaleza" es una frase errónea. La naturaleza no tiene leyes. Los científicos han inventado principios que explican ciertos fenómenos o comportamientos de la naturaleza, haciéndolos inteligibles a la mente humana.

Sin siquiera mencionar la naturaleza dual de la consciencia humana, Wittgenstein reflexiona constantemente sobre la imposibilidad de una respuesta:

"6.52 – Sentimos que aunque se respondieran todas las preguntas científicas 'posibles', los problemas de la vida ni siquiera se habrían tocado. Por supuesto, no cabe ninguna

pregunta, y precisamente ésa es la respuesta." La naturaleza no necesita explicación. Simplemente *es*. Los seres humanos —después de desarrollar la cognición— necesitan entender, y de ahí surgen la religión, la filosofía y la ciencia.

La paradoja es que, para comprender, debemos explicar que hay algo inexplicable:

"6.54 – Mis proposiciones son elucidatorias en este sentido: quien me entienda, finalmente, cuando las haya sobrepasado, cuando haya pasado por encima de ellas, las reconocerá como algo sin sentido. (Deberá, por así decirlo, desechar la escalera después de haberse subido a ella.)".

Podría seguir citando a Wittgenstein, del *Tractatus* o de otras fuentes. Sí, hay algunas inconsistencias aquí y allá, pero la única conclusión posible, después de haberlo leído es que lo que quería decir era totalmente inefable. Y, aun así, lo dijo. Habló sobre la consciencia humana, la cultura, el tiempo y las distintas formas de ver el mundo, y luego hizo algo único que solo alguien como él podía hacer: nos dijo que tiráramos la escalera y nos quedáramos suspendidos en el aire. Eso es lo que intento hacer aquí.

SCHOPENHAUER

– EL VISIONARIO ORIGINAL DEL OCCIDENTE

Ya hemos dicho antes que algunos pensadores occidentales recibieron el impacto del pensamiento oriental y su profundidad, y hemos dado ejemplos. ¿Qué podemos decir, entonces, de Schopenhauer? Podemos decir, por ejemplo, que fue el primer filósofo occidental en reconocer la importancia de los *Upanishads*. Aunque estuvo profundamente influido por el idealismo de Immanuel Kant, el pensamiento de Schopenhauer y su conexión con el misticismo oriental influyeron, a su vez, a pensadores como Wittgenstein y otros, que reconocieron la gran diferencia entre la *sintiencia* y la *cognición* en la consciencia humana.

Schopenhauer utilizaba su propia terminología, lo cual a veces dificulta seguir su pensamiento en obras importantes como *El mundo como voluntad y representación*, pero ese pequeño obstáculo desaparece una vez que uno se acostumbra a los términos. La profundidad y amplitud de su contribución a la filosofía occidental no deben subestimarse.

El mensaje es bastante claro: basa su filosofía en Kant y reconoce el idealismo en general, pero hay un fuerte tono oriental en gran parte de su pensamiento, como él mismo reconoce al inicio de su obra: *"La filosofía de Kant, entonces, es la única cuya familiaridad se presupone directamente en lo que tengo que decir aquí. Pero si, además de esto, el lector ha permanecido en la escuela del divino Platón, tanto mejor preparado estará para escucharme y más receptivo será a lo que digo. Y si, en efecto, además de esto, es partícipe del beneficio conferido por los Vedas —cuyo acceso se nos ha abierto a través de los Upanishads— ésa es, a mis ojos, la mayor ventaja que este siglo todavía joven disfruta sobre los anteriores..."*. Pero Schopenhauer estaba preocupado por la *sintiencia*, por cómo tenemos percepción. Kant dejó la percepción como fundamento, algo que proviene del exterior.

El lado occidental del idealismo de Schopenhauer no es nuevo: *"Todo lo que de algún modo pertenece o puede pertenecer al mundo está inevitablemente condicionado por el sujeto... El mundo es representación... [Esto] ya estaba implícito en las reflexiones escépticas desde las que partió Descartes. Berkeley, sin embargo, fue el primero en enunciarlo claramente..."*. Pero luego señala el temprano reconocimiento de esta verdad como un principio fundamental de la filosofía *Vedānta*. Schopenhauer reflexiona sobre ambas capas de la consciencia humana: *"Estas palabras expresan adecuadamente la compatibilidad de la realidad empírica y la idealidad trascendental"*.

La coexistencia de la experiencia y el pensamiento dentro de la consciencia humana fue aceptada hasta la segunda mitad del siglo XX, cuando los conductistas argumentaron que, al no poder estudiar científicamente la *sintiencia*, debían dejar de lado la *cognición*.

∿

Crítico empedernido de la "querida mediocridad" de la academia europea, Arthur Schopenhauer nació en 1788, hijo de una acomodada familia alemana; asistió a las universidades de Gotinga y Berlín, donde estudió medicina, filosofía, metafísica, lógica y psicología. Su disertación doctoral se tituló *Sobre la cuádruple raíz del principio de razón suficiente*. Viajó extensamente, visitó Italia —donde vivió un año— y hablaba italiano con fluidez. También podía hablar español, griego y varios otros idiomas.

∿

Schopenhauer enfatiza la diferencia entre "ideas de la percepción e ideas abstractas". Entiende que esa diferencia es uno de los hechos más importantes en relación con la consciencia humana: *"... ha aparecido en el hombre, solo entre todas las criaturas terrestres, otra facultad de conocimiento, una consciencia completamente nueva, que, con apropiada y significativa exactitud, se llama 'reflexión'. Pues, de hecho, deriva del conocimiento de la percepción, y es una apariencia reflejada de ésta. Pero ha asumido una naturaleza fundamentalmente distinta"*. Vio con increíble claridad la relación causal entre lenguaje y cognición: *"El habla es la primera producción, y también el órgano necesario de su razón"*.

La conexión con el pensamiento tradicional oriental está presente por todas partes en la obra de Schopenhauer. Es totalmente penetrante, una constante; junto con Gautama Buda, identifica la cognición —que él llama *"voluntad"*— como la fuente de todo el estrés y el sufrimiento humanos:

"Toda 'voluntad' surge de la carencia, por tanto, de la deficiencia, y por tanto, del sufrimiento. La satisfacción de un deseo termina con él; pero por cada deseo satisfecho, quedan al menos otros diez que se niegan".

EPÍLOGO

Mis conjeturas se resumen aquí:

Originalmente, los seres humanos nacían, como todos los demás animales, dotados, biológicamente, de sintiencia sin una división —supongo yo— entre la percepción interna del propio cuerpo y la percepción del resto de la naturaleza. Una iteración más de la especie, el individuo era uno con toda la realidad. Había dolor, sufrimiento, afecto e instinto. Se percibía el peligro. Se disfrutaba de buena comida y de encuentros sexuales, pero, en general, no había análisis de la realidad. No existían divisiones entre el "yo" y "todo lo demás".

Tras cientos de miles de años de ser una especie animal entre muchas, nuestros ancestros homínidos desarrollaron —crearon y desarrollaron sería más apropiado— un lenguaje complejo. El reconocido lingüista Daniel Everett —el que produjo la gramática del pirahã— habla de la "invención" del lenguaje. En cualquier caso, fue un proceso largo.

El pensamiento complejo se desarrolló junto con el lenguaje recursivo. Fue una revolución. En mi opinión, fue más que eso: fue un evento meta-evolutivo de proporciones únicas, solo comparable al origen de la vida en la Tierra. La humanidad se estableció mediante la adición de esa capa artificial de la consciencia. Las capas anteriores y posteriores al lenguaje coexisten hasta hoy en nuestra consciencia —eso, creo, es bastante evidente. Una vez que se comprende esta historia, comprender la consciencia se hace mucho más fácil.

La cognición busca explicaciones, incluso para su propio entorno (la consciencia humana). El pensamiento, cuando se expresa, se analiza y se verifica —o se falsifica— se convierte en conocimiento. El conocimiento es el objetivo de la filosofía y la ciencia.

La sintiencia, la capa original, es la natural. Inefable, no requiere explicaciones de ningún tipo, básicamente porque las explicaciones son cognitivas —un artificio humano— y la sintiencia es puramente biológica. La compartimos con los otros animales, que no necesitan explicaciones para vivir, comportarse o percibir.

La religión occidental, la filosofía y la ciencia ofrecen respuestas diferentes. Algunas pueden ser verdaderas, otras ficticias, pero todas están —y estarán— limitadas a lo que puede explicarse.

Al no haber comprendido a Wittgenstein ni a Schrödinger —pero especialmente a Wittgenstein— los científicos y filósofos se empeñan en tratar de explicar la experiencia; lo que es peor, no comprenden que, por fuerza, la consciencia humana debe incluir un componente autónomo: la cognición. Paradójicamente, intentar explicar o medir la sintiencia tampoco tiene ningún "sentido".

Wittgenstein también es malinterpretado por los creyentes religiosos —como Michael Egnor— quienes no parecen comprender del todo el carácter autónomo y la naturaleza distinta de la sintiencia:

"[Wittgenstein dice] que hay cosas de una importancia tan fundamental para nosotros que los esfuerzos por hablar de ellas nos llevan inevitablemente al error. Creo que la consciencia es una de esas cosas, y por eso no puede definirse. No podemos decir con claridad qué queremos decir por consciencia, no porque no hayamos acertado con la filosofía o porque necesitemos más experimentos de neurociencia, sino porque la experiencia consciente está demasiado cerca de nosotros, es demasiado fundamental para nosotros como para poder ponerla en palabras. Creo que Koch y, esperemos, otros neurocientíficos y filósofos están empezando a entenderlo.

No podemos definir la consciencia ni explicarla mediante los métodos de la lógica o la neurociencia. La consciencia es algo por lo cual percibimos y entendemos, no algo que se pueda entender."

Sí, pero las nociones están mezcladas: lo que no puede entenderse es solo la sintiencia. En el momento en que usa la palabra "consciencia", ya se está refiriendo a la cognición. Y la cognición *sí* se puede entender.

Los problemas y las soluciones planteados por las brillantes mentes que menciono y cito en este libro —y las conjeturas que propongo— son trascendentales. Algunas de las conjeturas pueden ser altamente controvertidas y susceptibles de crítica, tal vez incluso de burla. Hay muchas más preguntas sin responder. Hablemos de algunas de ellas.

¿Qué significa que somos una especie "altricial"? El término altricial proviene del latín *alere*, que significa alimentar, criar, nutrir. Es lo opuesto a *precocial*. Las crías de algunas especies nacen bien desarrolladas y móviles. Las jirafas pueden correr con la manada el mismo día en que nacen. Los chimpancés tardan unos tres años en ser destetados; se hacen adultos a una edad muy temprana. Un ser humano tarda unos veinte años en convertirse en un adulto plenamente funcional. En promedio, los humanos viven hasta los setenta años. Eso significa que crecer nos lleva casi un tercio de la vida.

Los seres humanos nacemos completamente incapaces. ¿Por qué es así? Bueno, para sobrevivir, necesitamos vivir en la sociedad humana, en nuestra cultura, que es tan artificial como el lenguaje y el pensamiento. Debemos ser criados biológicamente y luego cognitivamente; es decir, aprendemos a hablar, luego somos socializados y después escolarizados. Aprender a hablar significa que debemos aprender un idioma determinado. Las palabras que pronunciamos y entendemos son algo artificial creado por una cultura específica. De no ser así, todos los seres humanos hablaríamos el mismo idioma desde que nacemos. Cuando aprendemos a pensar, lo hacemos con la ayuda de ese idioma determinado que —repito— no es universal. La alfabetización es una parte importante de nuestra escolarización. Aprendemos a leer y escribir. Ésas son habilidades secundarias que vienen después de escuchar y hablar, que son las habilidades lingüísticas más básicas. Luego aprendemos algo aún más abstracto: la numeración. Y después, una mezcla de ambas: el álgebra.

El fracaso en socializar y educar a un niño humano resulta en un desarrollo incompleto del individuo. El ser humano vuelve a su condición meramente biológica. Ello ha sucedido en varias ocasiones. La ausencia de modelos humanos puede tener resultados muy tristes. A lo largo de la historia, ha habido varios casos de niños que crecieron rodeados de animales y aprendieron sus comportamientos. Uno de los más recientes es el de una mujer ucraniana, Oxana Malaya, nacida en el óblast de Jersón, hija de padres alcohólicos. Cuando tenía tres años, sus padres la dejaron afuera para que se las arreglara sola. La niña buscó calor y protección entre los perros que rondaban la casa. Fue literalmente criada por esos perros. Vivía en el cubículo de los perros. Todo su contacto con otros seres ocurrió allí. Se convirtió en parte de la manada. Cuando una agencia gubernamental la rescató, ya no se comportaba como un ser humano. Caminaba en cuatro patas, no sabía hablar. Ladraba y gruñía, y en general, su comportamiento era el de un perro. Tras su rehabilitación, Oxana tiene un vocabulario limitado y su capacidad mental es la de una niña de cinco o seis años. Lamentablemente, perdió la oportunidad de aprender a comportarse como un ser humano en la etapa en que necesitaba modelos. Definitivamente, necesitamos ser socializados cuando somos pequeños. Para alcanzar nuestro potencial y llegar a ser plenamente humanos, debemos ser criados por seres humanos.

Hay otros casos que son históricos, pseudo históricos o ficticios: uno de ellos es un experimento aparentemente llevado a cabo por el emperador del Sacro Imperio Romano Germánico, Federico II, quien, en el siglo XIII, ordenó que algunos bebés fueran criados sin ninguna exposición al lenguaje ni contacto físico. La idea era que hablarían el lenguaje universal que Dios les había dado a Adán y Eva (no lograba decidir si sería el sánscrito, el hebreo o el latín). Finalmente, los bebés crecieron sin hablar o murieron por falta de contacto humano. Otros experimentos similares fueron atribuidos al emperador mogol Akbar el Grande, en el siglo XVI, y a Jacobo IV de Escocia, en el siglo XV. Por supuesto, todos los resultados, reales o ficticios, fueron negativos. Los niños no pueden aprender a comunicarse sin estímulos por parte de sus padres o del grupo colectivo.

Si aceptamos eso, entonces aceptamos que el lenguaje no es algo natural. No viene con nosotros como parte de nuestro equipamiento biológico. La prueba está en que debemos aprenderlo cada generación, y en que no existe un idioma universal.

Nunca lo cuestionamos porque el ser humano ha sido en parte artificial desde el inicio de la humanidad. Eso ocurrió hace decenas de miles de años. *Homo sapiens* [el hombre que sabe], es precisamente eso: el primer homínido que puede pensar, y pensamos principalmente gracias al lenguaje. Cuando nuestros antepasados "inventaron" el lenguaje —como diría Everett— el significado vino con él. Ya mencionamos que el proceso que nos llevó desde los gruñidos y alaridos a significados, palabras y sintaxis tomó miles de años. En cualquier caso, el origen de nuestras habilidades cognitivas es nebuloso, pero innegablemente real. Un día gruñíamos; al otro día, hablábamos y nos habíamos vuelto seres humanos. Como fue un periodo tan prolongado, determinar el momento exacto en que un proceso evolutivo se convirtió en uno meta-evolutivo y pudimos comunicar pensamientos complejos es imposible. Sin embargo, estamos seguros de que, un día, nuestra especie hizo la transición de animales no cognitivos a seres humanos cognitivos.

Hay otras especies que también son parcialmente artificiales —como los gatos, perros, aves de corral y ganado. No son completamente naturales porque hemos criado especies secundarias a partir de sus especies naturales originales. El ganado era originalmente uros salvajes; los perros eran lobos, y así, hasta que decidimos alterar su material genético para adaptarlos a nuestros fines. Son en parte artificiales porque dependen de nuestra especie, y los usamos para transporte, alimento, etc.

En el caso de nuestra especie, nuestros antepasados remotos se alzaron a sí mismos sin ayuda ni escalera y —de animales que eran— pasaron a ser seres humanos completos. Totalmente en contra de la naturaleza (en contra de la evolución normal), lograron algo que incluso hoy parece imposible.

Un estudio reciente ha descubierto una proteína que —según quienes lo realizaron— podría haber detonado el origen del lenguaje humano. Esa conclusión pretende explicar que los antepasados del *H. sapiens* adquirieron el lenguaje mientras que los neandertales y los denisovanos no, porque nuestra especie tenía una variante especial, especie específica, del gen *NOVA1*, llamada *I197V*. ¿Por qué habríamos tenido ese gen nosotros y no las otras especies de *Homo*? La respuesta es que, aunque *NOVA1* pudo haber contribuido a la evolución del lenguaje humano, no lo teníamos antes de "inventar" el lenguaje, si se quiere. Es al revés: el gen surgió como resultado del comportamiento. Las células activan o suprimen ciertos genes como resultado del entorno, en este caso, el comportamiento de nuestros antepasados. La activación genética sigue, definitivamente, a los cambios ambientales. Yo sostengo que el lenguaje —y la cognición, en un bucle de retroalimentación— fueron parte de un fenómeno meta-evolutivo que resultó en el origen de nuestra especie.

Desde hace ya bastante tiempo tenemos curiosidad por el misterioso origen y la naturaleza de nuestra consciencia. ¿Cómo es que somos como somos? ¿En qué nos diferenciamos de los demás animales? Bueno, aparte del hecho de que estamos vivos, como ellos, hay muchas cosas que nos distinguen, si nos remitimos a las obviedades: usamos ropa, podemos comunicarnos entre nosotros, podemos medir el tiempo, somos creativos, artísticos y aventureros, nuestras culturas deciden lo que está bien y lo que está mal, tenemos identidades y libre albedrío, comprendemos conceptos abstractos, etc. Nos hemos dividido en grupos étnicos y áreas geográficas con las que nos identificamos y a las que llamamos países, tenemos gobiernos de distintos tipos, religiones, comerciamos, etcétera.

Otras especies animales también son creativas y aventureras, se podría decir. Sí, pero la gran diferencia radica en la naturaleza de esa creatividad y de esa aventura. La naturaleza de sus habilidades es casi totalmente instintiva. ¿Cómo distinguir la diferencia? Bueno, los castores construyen represas, pero eso es todo lo que pueden construir. No pueden construir otra cosa. Por supuesto, no podrían construir una cancha de tenis. Eso sería demasiado complejo. Pero tampoco se les puede pedir que construyan un puente con los mismos troncos que usan para la represa. Construyen represas por instinto. Lo mismo ocurre con el nido de un pájaro o la telaraña de una araña. Las golondrinas y otras aves migratorias viajan largas distancias; una ballena recorre enormes trayectos. Pero no son aventureras. Siempre siguen las mismas rutas con fines específicos. Eso sucede porque sus desplazamientos son instintivos. Los humanos pueden elegir adónde ir o decidir diferentes rutas considerando peligros u obstáculos.

No cabe duda de que los animales poseen cierto grado de raciocinio. Los cuervos resuelven problemas y usan herramientas para obtener alimento. Eso implica cierto nivel de cognición. También lo hacen los chimpancés y otras especies animales. Lo que no tienen es pensamiento complejo, lenguaje recursivo ni metacognición. No pueden especular sobre sus propios pensamientos, ni pueden transmitir ideas complejas a otros individuos porque carecen de lenguaje.

Yo diría que ni Hume ni Descartes tenían razón respecto al razonamiento de los animales. Descartes los comparaba con autómatas: sin cognición alguna. Hume decía que estaban *"dotados de razón y pensamiento"* como los seres humanos: cognición plena. En mi opinión, la verdad está en algún punto intermedio entre esos dos extremos. Los animales no pueden llevar a cabo tareas complejas, ni comunicar ideas complejas porque no pueden pensar conceptualmente o, si se prefiere, en abstracto. Como lingüista, diría que los seres humanos podemos pensar ideas complejas, resolver problemas abstractos y cooperar en grandes empresas porque poseemos un lenguaje recursivo. El lenguaje es un fenómeno único que nos ha dotado de una cognición que supera en mucho el grado limitado que tienen otras especies animales. Lo que poseen los animales es cualitativa y cuantitativamente insignificante comparado con la cognición humana. Tal vez no debería tratarse como razonamiento completo. Yo sostendría que el razonamiento causal (la capacidad de fabricar una herramienta para obtener algo), basado en los estímulos sensoriales, no se puede comparar con la manera en que los seres humanos comprenden las relaciones que pueden existir entre pensamientos. Eso es cognición. Cognición puramente humana.

Sostengo aquí que la inteligencia artificial nunca alcanzará el nivel de la consciencia humana. Por definición, la IA no puede tener sintiencia. Su naturaleza, como su nombre lo indica, es totalmente artificial. La sintiencia es biológica. Más aún, los grandes modelos de lenguaje como ChatGPT no "entienden" realmente el lenguaje. ChatGPT es un algoritmo con una inmensa memoria. Los operadores introducen millones de frases y el algoritmo aprende estadísticamente qué palabras usar con exactitud dentro de un determinado contexto. Es un proceso bayesiano. Eso no significa que piense o entienda. El algoritmo también puede simular tener sintiencia, pero eso es resultado de lo que se le pide que haga. No puede iniciar nada por sí mismo porque no tiene agencia.

Para que un autómata logre algo parecido a la consciencia humana, tendría que ser híbrido, como nosotros. La consciencia humana requiere cognición, pero también requiere el componente biológico vivo.

En este libro intento demostrar que los componentes de nuestra consciencia —sus capas— tienen naturalezas diferentes. ¿Por qué lo digo? Cuando analizamos por qué, encontramos que la sintiencia —originalmente el único componente de nuestra consciencia, al igual que en otras especies animales— es natural. La cognición, en cambio, es una creación artificial de nuestros ancestros humanos, resultado de un proceso de "cisne negro" de meta-evolución. Desde mi perspectiva, la consciencia humana parece ser un fenómeno híbrido.

La ironía de todo esto es que siempre hemos sido lo que durante mucho tiempo temimos llegar a ser: artificiales, o al menos parcialmente artificiales. Los seres humanos no somos animales naturales. Tenemos un componente artificial extremadamente importante: nuestra cognición.

AGRADECIMIENTOS

Inés, como siempre.

Mi hermano Patocho.

Anni Boerr.

Sin sus observaciones no habría habido libro.

www.ingramcontent.com/pod-product-compliance
Lightning Source LLC
Chambersburg PA
CBHW071848070526
44583CB00016B/1595